富在术数

宋华 ◎ 编著

云南人民出版社

图书在版编目（CIP）数据

富在术数 / 宋华编著. -- 昆明：云南人民出版社，
2025. 4. -- ISBN 978-7-222-23664-6

Ⅰ. TS976.15
中国国家版本馆CIP数据核字第2025XV5642号

项目统筹：赵红
责任编辑：王逍
封面设计：李东杰
责任印制：代隆参

富在术数
FU ZAI SHU SHU

宋华　编著

出版	云南人民出版社
发行	云南人民出版社
社址	昆明市环城西路609号
邮编	650034
网址	www.ynpph.com.cn
E-mail	ynrms@sina.com
开本	720mm×1010mm　1/16
印张	12
字数	150千
版次	2025年4月第1版
印次	2025年4月第1次印刷
印刷	三河市天润建兴印务有限公司
书号	ISBN 978-7-222-23664-6
定价	59.00元

如需购买图书，反馈意见，请与我社联系。
图书发行电话：0871-64107659

云南人民出版社公众号

前 言
PREFACE

在当今社会，财富似乎已成为衡量一个人成功与否的重要标准。然而，我们常常听到这样的困惑与叹息："为什么我如此努力，却始终与财富无缘？""为什么有些人看似毫不费力，却能坐拥巨额财富？"这些问题如同一团团迷雾，困扰着无数渴望改变命运、实现财务自由的人。其实，财富的积累绝非偶然。

"富在术数"这句话出自西汉桓宽编撰的《盐铁论》，其核心意思是，财富的创造和积累并不完全依赖于体力劳动，关键在于方法和策略的运用。这就要求我们拥有敏锐的市场洞察力，能够在纷繁复杂的市场环境中，精准捕捉那些稍纵即逝的商机；具备果断决策的能力，在机遇来临时，迅速做出判断并付诸行动；还要有持续创新的精神，勇于突破传统思维的束缚，通过投资、创业、创新等多元化方式，开辟属于自己的财富之路。

本书匠心独运，精心设计了七章精彩纷呈的内容，深入剖析了财富拥有者与普通人在思维模式、行为方式、心态调整等多方面的显著差异，为读者缓缓揭开财富积累那看似神秘的面纱，教会大家如何审时度势，精准洞察市场动态，把握稍纵即逝的商机，进而找到那扇通往财富之门的正确路径。

当你翻开这本书，开启阅读之旅，不仅能够学会巧妙运用"术数"，以智慧和策略创造财富，更能在持续积累财富的过程中，实现自身内在能量与吸引力的全方位提升。

《富在术数》不仅仅是一本书，更是一位忠实可靠、与你并肩在财富之路上披荆斩棘的良师益友。它巧妙地融思维启迪、行动指南以及财富管理等多元功能于一体，展现出极强的综合性与实用性。希望所有阅读本书的读者，都能将打破固有观念的重重枷锁，开启一段全新的财富增长之旅。

目 录 CONTENTS

壹 开悟

富不在"劳身",需要智慧和策略	002
强势文化造就强者,财取之有道	006
穷人喜欢空想,富人实现理想	010
成为金钱的主人,而不是金钱的奴隶	012
没有财富不可怕,拒绝获得财富才可怕	016
知足于心,财富进阶不止步	019
与其抱怨贫穷,不如创造财富	022
将欲望转变为财富,要具备破局思维	026

贰 融通

眼光与定位结合,才能实现财富梦	030

放下架子，虚心求教才是致富王道　　　　　　　034

身体可以躺平，但思想不能"躺平"　　　　　　037

脾气减三分，和气才能生财　　　　　　　　　　040

圆融处世，财富追着你跑　　　　　　　　　　　043

太要面子，就会丢掉财富　　　　　　　　　　　046

坐等良机，往往会坐失良机　　　　　　　　　　050

做事越主动，财富越会主动靠近你　　　　　　　053

别怕失败，行动起来才是王道　　　　　　　　　056

拼一把，才知道自己的财富能力有多强　　　　　060

叁　取势

成长越快，你的财富容器越大　　　　　　　　　064

成大事的人，都懂得"借力"　　　　　　　　　068

打破社交局限，拓宽信息视野　　　　　　　　　072

懂得分享，才能互惠互利　　　　　　　　　　　076

依靠团队的力量，实现财富裂变　　　　　　　　079

营造好口碑，不愁没钱赚　　　　　　　　　　　083

与努力赚钱的人并肩同行　　　　　　　　　　　086

感激"对手"，在竞争中成长　　　　　　　　　089

目录

肆 谋定

七分靠谋划，三分靠魄力	092
目标要长远，凡事多想几步	095
当断要断，形势不好不要蛮干	099
逆向思维，抓住稍纵即逝的机会	103
独立冷静思考，方能精准决策	106
不固守思维定式，不随波逐流判断	110
眼光越窄，财富越远	114
眼光放长远，不要纠缠眼前的利益	117

伍 入局

商业头脑有多强，取决于你的"胆商"	122
历经困苦，方能承担大任	127
挫折中蕴藏着同等或更大的成长契机	130
挑起失败的担子，负责到底	132
敢于冒险，不断拼搏才能成功	136
审时度势，在危机中抓住财富契机	140
投资有风险，价值投资最稳妥	143

陆 深耕

富民之要，在于节俭	148
一件事，一辈子，死磕到底	151
生意不在大小，不要因小而不为	155
没有风险，才是最大的风险	159
管理好时间，就意味着收获了财富	162
既要胆大，也要心细	166

柒 唯新

小本经营 + 创新	170
好眼光 + 现实资源	173
紧跟时代步伐	177
珍惜你的创意	180

壹 开悟

　　"财富"二字时刻撩拨着大众的心弦。然而，对大多数人而言，财富却又宛如一道神秘莫测的谜题，充满未知与困惑。人们若盲目地付出努力，就如同在无垠的大海中盲目航行，虽历经艰辛，却难以抵达财富的彼岸。唯有那些开悟之人，方能在复杂多变的世界里，寻到属于自己的机遇，进而改写命运，实现自我超越。

富在术数

富不在"劳身",需要智慧和策略

在人类社会漫长的发展历程中,财富的获取始终是人们关注的焦点议题。长久以来,有一种观点深入人心,即认为只要凭借辛勤劳作,挥洒无尽的汗水,就能收获财富,过上富足的生活。然而,事实并非全然如此。单纯依靠体力的过度消耗与长时间的劳作,并非通往财富的唯一路径,更非最为有效的途径。真正实现富足的关键,在于运用智慧和策略。

埋头苦干是一种脚踏实地的态度,它体现了人们对目标的执着追求和不懈努力。在许多领域,这种精神确实是获得财富的基础。比如,科研工作者们常常在实验室里日夜奋战,反复进行实验,只为了探索出一个科学真理;建筑工人在烈日下辛勤劳作,一砖一瓦地搭建起高楼大厦。然而,我们也必须认识到,埋头苦干并不等同于盲目蛮干。如果只是一味地低头前行,不懂得审视方向,不善于运用技巧,那么很可能会陷入"事倍功半"的困境。

财富是智慧和策略的回报。智慧和策略可以帮助我们更好地把握机会,避免风险,制定科学有效的投资策略,从而取得更大的财富;让我们能够看到投资的本质和潜在的利润空间,避免盲目跟风和投机取巧。我们要善于思考,善于分析,在对事物深入理解的基础上,突破传统的束缚,找到一条更高效、更便捷的财富道路。

壹　开悟

在繁华的商业城市中,有两位年轻的创业者,高小宇和付超。他们都看到了互联网电商行业的巨大潜力,决定投身其中,开启自己的创业之旅。

高小宇是一个非常勤奋的人,他每天早早地来到公司,晚上常常加班到深夜。他亲自挑选产品,拍摄图片,撰写文案,一个人承担了多个岗位的工作。他坚信,只要自己足够努力,就一定能够在电商领域获得财富。然而,几个月过去了,他的店铺销量却始终不尽如人意。尽管他付出了大量的时间和精力,但却没有得到相应的回报。

而付超则不同,他在创业初期并没有急于埋头苦干,而是花费了大量的时间进行市场调研。他分析了市场需求,研究了竞争对手的优势和劣势,并深入了解了消费者的购买习惯和心理。通过这些调研,他发现了一个尚未被充分挖掘的细分市场——宠物智能用品。

确定了方向后,付超开始组建自己的团队。他深知,一个人的力量是有限的,只有汇集众人的智慧和力量,才能把事业做大做强。他招聘了专业的设计师、运营人员和客服人员,让每个人都发挥自己的专长。

在产品研发上,他与设计师密切合作,注重产品的创新和用户体验,最终推出了一款宠物智能喂食器,不仅功能强大,而且设计新颖,深受消费者喜爱。

在推广方面,付超也运用了巧妙的策略。他没有像其他商家一样,

富在术数

盲目地进行广告投放，而是通过社交媒体平台，与宠物爱好者们建立了良好的互动关系。他邀请宠物博主进行产品试用和推荐，举办线上宠物摄影比赛等活动，吸引了大量潜在用户的关注。通过这些精准的营销手段，付超的店铺知名度迅速提升，销量也节节攀升。

仅仅一年的时间，付超的公司就取得了巨大的成功，成为了电商行业的一匹黑马。而高小宇虽然依然在努力工作，但由于没有找准方向，缺乏有效的策略，他的店铺始终处于不温不火的状态。

从这个案例中，我们不难看出，埋头苦干虽然是一种值得肯定的品质，但如果没有抬头巧干的智慧，就很难在竞争激烈的环境中获得财富。付超之所以能够脱颖而出，关键在于他能够抬头审视市场，找准方向，然后运用巧干的策略，组建团队，创新产品，精准营销。

在历史上，也有许多名人通过巧干取得了非凡的成就。比如，诸葛亮在赤壁之战中，并没有与曹军正面硬拼，而是巧妙地利用了曹军不熟悉水战、水土不服等弱点，采用火攻的策略，以少胜多，取得了战争的胜利。他的智慧和谋略，成为了千古佳话。又如，司马光在小时候，面对小伙伴掉进缸里的紧急情况，他没有像其他孩子一样惊慌失措，而是急中生智，用石头砸破了水缸，救出了小伙伴。这种巧干的思维方式，展现了他的聪明才智。

无数的事实证明，单纯依靠体力的"劳身"，虽然能带来一定的收获，但往往局限于维持基本的生活需求，难以实现财富的大幅增长和

壹 开悟

阶层的跨越。只有将智慧与策略有机结合，以智慧为指引，明确方向，洞察机遇；以策略为手段，合理布局，有效执行，才能在财富的海洋中乘风破浪，驶向富足的彼岸。无论是在瞬息万变的商业世界，还是在个人财富的积累过程中，这一理念都具有不可忽视的重要意义。

强势文化造就强者，财取之有道

在人类文明的长河中，文化如同一条无形的纽带，连接着过去与未来，也深刻地影响着每一个个体的思维方式与行为模式。文化分为强势文化与弱势文化，这两种文化不仅塑造了不同的社会风貌，更在个体层面决定了强者的崛起与弱者的徘徊。

弱势文化是一种依赖性的文化，它鼓励个体寻求外部力量的支持，无论是救世主、贵人，还是机遇，都成为其心中的"救命稻草"。在这种文化背景下，人们习惯于"在家靠父母，出门靠朋友"，总是期望从他人那里获得帮助或好处。弱者思维往往倾向于投机取巧，随风而起，却也因势而败，缺乏稳定的根基和长远的规划。

与弱势文化截然不同，强势文化倡导的是独立、创造与自我提升的精神。它的精髓在于洞察事物的本质，遵循客观规律，以实事求是的态度行事，专注于将最核心的事务做到极致。强势文化所培养的强势思维不仅关注个人的成长与发展，更蕴含着对他人的关怀与帮助，体现了"君子爱财，取之有道"的高尚情操。

在商业领域，强势文化的体现尤为明显。它鼓励企业提供物美价廉的商品，实行薄利多销的策略，乐于与他人共享利益，而不是通过剥削或欺骗来获取短期利益。强势思维者深知，真正的财富来自于长

壹 开悟

期的积累与复利效应,因此他们懂得将资金投资于能带来持续回报的领域,构建稳定的收入复利系统[①]。

朱彤出生在一个普通的家庭,没有显赫的背景,也没有丰富的资源。在弱势文化的熏陶下,他原本可能像许多人一样,寄希望于找到一份稳定的工作,过着平淡无奇的生活。然而,一次偶然的机会,朱彤接触到了一本关于强势文化的书籍,书中强调个人要成为命运的主宰,而非依赖外界的庇护或既定的规则。这一理念如同一束光,照亮了他迷茫的心灵。

受到启发后,朱彤开始转变自己的思维方式,他不再依赖他人,而是选择独立创业。他深入研究市场,洞察消费者需求,最终决定开设一家专注于环保材料的科技公司。在创业过程中,朱彤坚持提供物美价廉的产品,实行薄利多销的策略,同时积极投身于公益事业,帮助那些需要帮助的人。他的真诚与努力赢得了客户的信任与支持,公司逐渐发展壮大。

更重要的是,朱彤懂得构建持续增长的收入复利系统。他将公司的部分利润投资于研发与创新,不断推出符合市场需求的新产品;同时,他还投资于教育、健康等长期回报的领域,为公司的未来发展奠定了坚实的基础。随着时间的推移,朱彤的财富如滚雪球般不断累积,

---

① 复利系统:指的是一种基于复利原理设计的系统。复利,也被称为"利滚利",是指把每一期获得的利息或收益加入本金,作为下一计息周期的本金继续产生利息或收益。

他不仅实现了个人的成功，还带动了整个社区的发展与进步。

朱彤的故事生动地诠释了强势文化如何造就强者。在强势文化的指引下，个体能够摆脱依赖与顺从的束缚，勇于探索与创新；他们懂得遵循客观规律，以实事求是的态度面对挑战；他们乐于分享与帮助他人，从而实现个人与社会的共赢。那么如何才能培养出强势文化呢？

1. 树立自我主导意识：培养强势文化，首先要在内心深处确立自我主导的信念，摒弃依赖思想，深刻认识到自己是命运的主宰者，并主动掌控人生方向。

2. 磨砺敏锐洞察力：广泛涉猎不同领域的知识，包括市场动态、消费趋势、科技发展等，通过阅读专业书籍、行业报告，关注新闻资讯等方式，拓宽视野，提升对周围环境变化的感知能力。同时，养成思考和分析的习惯，对所接触的信息进行深度挖掘，找出潜在的机遇和问题。

3. 强化资源整合能力：善于盘点自身所拥有的资源，包括知识、技能、人脉、时间等，同时学会利用外部资源，通过合作、互利共赢等方式，弥补自身短板，实现资源的优化配置。

4. 锤炼创新与应变能力：敢于突破传统思维的束缚，勇于尝试新的方法和模式。在面对挑战和变化时，保持冷静，迅速调整策略，以适应不断变化的环境。

5.秉持持续学习的态度：保持对新知识、新技能的渴望，不断提升自我。参加培训课程、行业研讨会，与同行交流经验等，都是持续学习的有效途径。通过不断学习，能够更新知识体系，提升能力水平，为实现目标提供更有力的支持。

穷人喜欢空想，富人实现理想

在人生的漫漫征途上，我们常常怀揣着五彩斑斓的梦想，渴望功成名就，渴望实现自我价值。然而，许多人却深陷空想的泥沼，迟迟不肯迈出行动的步伐。殊不知，与其整天空想，不如用行动改变自己，只有付诸实践，梦想才不会沦为镜花水月。

在这个充满机遇与挑战的时代，财富从不主动垂青于那些仅仅空想而不付诸行动的人。每一个伟大的财富拥有者，都始于一个果敢的决定，成于坚持不懈的行动。被誉为"经营之神"的稻盛和夫，便是用行动改变命运的典范。

稻盛和夫出身平凡，大学毕业后进入松风工业工作。当时的松风工业效益不佳，面临诸多困境，身边的同事纷纷抱怨、跳槽，但稻盛和夫没有选择抱怨和逃避，而是决定用行动改变现状。

他一头扎进研发工作中，吃住在实验室，日夜钻研新型陶瓷材料。面对一次次的实验失败，他没有被挫折打倒，而是不断调整方案，从失败中汲取经验。经过无数个日夜的努力，他终于成功研发出了具有高绝缘性能的镁橄榄石陶瓷，解决了公司的技术难题，也为公司带来了新的订单和生机。

后来，稻盛和夫创立京都陶瓷株式会社（现名京瓷 KYOCERA）。在创业初期，资金短缺、技术落后、人才匮乏，但他凭借着雷厉风行的行动力，四处奔走寻找投资，亲自参与产品研发，积极招揽优秀人才，使京瓷从一家名不见经传的小公司，逐步成长为全球知名的电子元件制造商。

此后，稻盛和夫接手濒临破产的日本航空，当时日航内部管理混乱、负债累累，外界都觉得他接手了个烂摊子。但稻盛和夫却迅速行动起来，深入了解公司运营的各个环节，精简机构，优化流程，提升服务质量。在他的努力下，日本航空在短短一年内实现扭亏为盈，创造了商业奇迹。

那些只知空想的人，往往在原地徘徊不前，任由岁月流逝，梦想也渐渐黯淡无光。比如，有的人梦想成为作家，整日幻想自己的作品畅销热卖，却从不肯静下心来阅读、写作、修改；有的人渴望创业成功，从而获得一笔可观的财富，脑海中构思了无数商业计划，却因害怕失败而不敢迈出创业的第一步。而稻盛和夫的经历告诉我们，只有主动出击，保持积极的行动力，在面对困难时不退缩，才能在商业乃至人生的道路上，发现并抓住机遇，实现从平凡到非凡的跨越。

成为金钱的主人，而不是金钱的奴隶

洛克菲勒说过："我不喜欢钱，我喜欢的是赚钱。没有比为了赚钱而赚钱的人更可怜、更可鄙的，我懂得赚钱之道：要让金钱当我的奴隶，而不能让我当金钱的奴隶。"

在财富的舞台上，我们一直在寻求掌控金钱而不被其左右的方法，一旦我们失去了对财富的掌控能力，就会沦为金钱的奴隶，被其驱使，失去自我，迷失在物欲的洪流之中。正如沃伦·巴菲特所言："不要把所有鸡蛋放在同一个篮子里。"这提醒着我们在理财时需注重多元化与风险把控。

李先生是李明凡的父亲，拥有高学历和稳定的收入，但他总是告诫李明凡要谨慎行事，依赖于稳定的工资生活。相比之下，张先生是镇上一家小型杂货店的老板，虽然学历不高，但他对投资和理财有着独到的见解，总能让手中的资金生钱。

这一年，经济格局发生了重大的变化。李先生所在的单位因为资金问题面临裁员，他不幸成为了失业大军的一员。而张先生却凭借着敏锐的商业嗅觉和灵活的投资策略，不仅让自己的杂货店生意蒸蒸日上，还成功投资了几处房产，成为了镇上小有名气的富商。

两位父亲身上有着两种截然不同的财富观念：一种是依赖固定收入维持生活，另一种是运用智慧和策略让金钱为自己工作。

壹 开悟

目睹一切的李明凡决心抛开过去保守求稳的心态,开始探索自己的财富之路。

首先,李明凡优化了个人支出,通过兼职和节约,逐步积累起了一笔初始资金。接着,他没有将这笔钱存入银行,而是选择了投资于小镇上有潜力的小生意,比如一家刚起步的咖啡馆。他利用业余时间学习市场分析和财务管理,确保每一笔投资都能带来回报。

与此同时,李明凡深刻理解到,持续学习是成为金钱主人的关键。他不仅在工作中不断提升着自己的专业技能,还参加了各种投资理财课程,努力拓宽自己的知识边界。正如他常常引用的那句名言:"学习是通往财富自由的桥梁。"

随着时间的推移,李明凡的小投资开始显现出成效,咖啡馆的生意日益兴隆,房产投资也带来了稳定的租金收入。更重要的是,他学会了如何让金钱成为自己的得力助手,不断创造新的价值。

然而,李明凡也意识到,并不是每个人都能像他一样拥有初始的投资机会。对于那些资金匮乏的人来说,他建议首先进行自我审视,找出资金紧张的根本原因,是收入不足还是消费过度。一旦找到问题所在,就要制订计划,逐步提高收入水平,同时减少不必要的开支,为未来的投资打下基础。

经过几年的努力,李明凡已经从一个对投资理财略知一二的年轻人,成长为了市里小有名气的投资专家和社区领袖。他的咖啡馆不仅成为了镇上的热门聚会地点,还带动了周边商业的繁荣,为当地居民

富在术数

提供了更多的就业机会。同时，他的房产投资组合也在不断壮大，涵盖了从住宅到商业地产的各种类型，为他带来了稳定的现金流和资产增值。

李明凡深刻体会到，财富的增长并非一蹴而就，而是需要耐心、智慧和持续的努力。因此，他始终保持着学习的热情，不断吸收新的投资理念和策略，同时也乐于分享自己的经验和教训，帮助那些想要改善财务状况的人。

在积累财富的道路上，我们需深刻认识到，传统的财富观念可能成为束缚自身发展的枷锁。过度依赖单一稳定收入，会让我们在经济变动中脆弱不堪，沦为金钱的附庸。反之，主动探索让金钱为自己工作的智慧与策略，才是掌控财富的关键。

合理规划与管理财富至关重要。制订科学的理财计划，既能确保资金的稳健增长，又能让每一笔钱都发挥最大效用。可以根据自身的财务状况和目标，将资金合理分配到储蓄、投资、消费等不同领域。例如，预留一定比例的应急资金，以应对突发状况；同时，选择适合自己风险承受能力的投资项目，让钱生钱，为实现长远目标积累资本。

每个人的财富起点不同，资金充裕或匮乏都不应成为我们被金钱左右的理由。我们要依据自身状况进行自我审视，明确问题所在，制定并调整财富策略，逐步规划出适合自己的财富路径。

当我们不仅实现个人财富增长，还能凭借财富为社会创造价值，促进社会发展时，便真正成为了金钱的主人。那时，我们就可以自由地运用金钱，达成个人目标，同时为社会贡献力量，实现财富与价值的双重升华。

富在术数

没有财富不可怕，拒绝获得财富才可怕

在人生的旅途中，我们总会遇到各种各样的选择与挑战。而那些有能力的人往往不会因外界的反对而轻易退缩，真正让他们感到恐惧的，是平庸无为的生活。

赵东是一个在北京做了15年程序员的中年男人，他生活稳定却略显平淡。一天，赵东突然萌生了创业的念头，他将这个想法告诉了身边的亲朋好友，希望获得他们的支持与鼓励。然而，与预期相反，他收获的却是满满的质疑与反对。

"你疯了吗？现在的工作多好，稳定又轻松，何必去冒那个险？"

"创业？你知道那有多难吗？多少人倾家荡产，你可别犯傻！"

面对这些反对声，赵东的心中也曾闪过一丝犹豫。但他深知，自己渴望的并非眼前这种一眼望到头的生活，而是充满挑战与机遇的未来。于是，他选择了坚持自己的决定，勇敢地踏上了创业的征途。

赵东选择了自己热爱的科技领域作为创业方向，他深知这一领域竞争激烈，但更相信自己的能力与眼光。他夜以继日地研究市场、制订计划、寻找资金，每一步都走得异常艰难。然而，正是这些挑战，激发了他前所未有的斗志与潜力。

经过数年的努力，赵东的科技公司逐渐崭露头角，不仅赢得了市场的认可，还获得了丰厚的回报。他用自己的实际行动，证明了当初

的选择是正确的。而那些曾经反对他的人，也逐渐从质疑转变为敬佩，甚至开始向他寻求成功的秘诀。

　　赵东的故事告诉我们，有能力的人，从不会因为外界的反对而轻易放弃自己的梦想。他们深知，真正的挑战并非来自外界的压力，而是内心的恐惧与平庸的陷阱。只有勇敢地迈出那一步，去尝试、去挑战、去创新，才能摆脱平庸的束缚，实现自己的价值与梦想。

　　很多人依赖于亲友的认可、关爱与支持。但假使我们决定踏上一条与众不同的人生道路，我们强烈的创业愿望可能会让他们震惊不已，甚至遭到他们的质疑和嘲笑。当我们尝试挑战传统观念时，这自然会让许多人感到不解，毕竟我们的选择打破了常规，挑战了他们对我们的固有认知。追逐财富，在亲友面前坚守自我，或许是我们争取理想生活的最大考验。而要想赢得他们的理解，清晰有力地传达我们的价值观、展现潜力与愿景，将是至关重要的工具。

　　以下三种策略，可以帮助我们跨越被人反对所设下的障碍：

　　1. 避免争执：如果你决定放弃稳定的法律或商业职业、高薪工作，或是毅然辞职去追梦，受到亲友的质疑与批评在所难免。此时，切莫与之争辩，因为他们或许一时难以理解，甚至拒绝理解，只认同与自己相似的职业道路。争执无益，不如以他们能理解的方式，分享创业构想，并承诺会为自己的决定负责，同时表达对他们支持的渴望。

　　2. 融入志同道合的圈子：当我们开始准备创业时，不乏有人等着看我们失败，要警惕那类"我早就说过"先生。你的目标是创业，是创造价值，而非证明他人的错。学会逐渐远离负能量，融入志同道合的圈子。真正的朋友会支持我们的目标，助力我们前行。如果你发现身边的人并不是自己的支持者，请不要受对方的干扰，认清现实后继续前行，与积极者同行，志同道合者自然会相随。

3.忠于内心：向亲友们阐明，如果不追寻创业梦想，自己可能会遗憾终生。这是普遍能引起共鸣的情感。如果初期没有达到他们的期望，亲友们或许会劝你放弃；如果你坚持冒险，他们或许会以各种方式质疑你。此时，需考验情绪管理能力，倾听内心的声音，坚守创业的信念。对他们而言，指出失败易如反掌；你或许会遭遇批评、嘲笑与比较。但"关键时刻"只在于你自己。这是"忠于"自我、探寻生活与事业愿景的良机，此刻将成为激发你追逐财富的动力与渴望。

知足于心，财富进阶不止步

"知足常乐"的本意是劝导人们懂得满足，就能收获幸福与快乐。的确，人生中的很多烦恼都源于盲目攀比，很多人过度关注身外之物，却忽略了自身已有的珍贵财富。

其实幸福更多的是一种心境，难以用具体的指标来衡量，也不能通过比较来获取。珍惜当下，拥有平和的内心，是十分难能可贵的。

然而，现实生活中也不少人将"知足常乐"当成不思进取的托词，认为它意味着放弃对更好生活的追求、对自身潜力的挖掘，以及对未来的憧憬。不思进取的人往往满足于眼前的舒适区，害怕改变，害怕失败，从而错失获得财富的机会。

在一座宁静的小镇上，有一位名叫陈宇的年轻人，他从小就对绘画有着浓厚的兴趣。但由于家庭经济条件有限，父母无法为他提供接受专业绘画教育的机会。然而，陈宇并没有因此而放弃自己的梦想。他利用课余时间，四处收集废旧的纸张和画笔，自学绘画技巧。

毕业后，为了维持生计，他在小镇的一家工厂找了一份普通的工作。尽管工作忙碌，但他始终没有放弃自己对绘画的热爱。他利用晚上和周末的时间，坚持练习绘画。

随着时间的推移，陈宇的绘画技巧逐渐得到了提升。他开始在一些网络平台上分享自己的作品，并得到了许多人的喜爱和关注。有人

富在术数

建议他辞去工厂的工作，专心从事绘画创作，但陈宇却没有立刻做出决定。他深知，绘画虽然是他的梦想，但目前的工作能够为他提供稳定的生活保障，可以让他安心地去追求自己的爱好。

陈宇对自己现有的生活感到知足，他珍惜这份工作所带来的稳定收入和生活的平静。但这并不意味着他停止了对绘画事业的追求。陈宇开始利用业余时间，不断参加各种绘画比赛和展览，与其他画家交流学习。在这个过程中，他的作品得到了更多人的认可，也为他赢得了一些商业合作的机会。

随着绘画事业的发展，陈宇终于有了足够的信心和能力辞去工厂的工作，全身心地投入到绘画创作中。他的作品风格独特，充满了对生活的热爱和对未来的憧憬。他用自己的画笔，描绘出了一个色彩斑斓的世界，也为自己创造了一个美好的未来。

从陈宇的故事中，我们可以清晰地看到"知足常乐"与"不思进取"的区别。陈宇对自己的生活现状感到知足，但他并没有因为获得了安稳的生活而放弃对梦想的追求。相反，他在知足的基础上，积极进取，不断努力提升自己的绘画水平，最终实现了绘画的梦想。

在现实生活中，我们也常常会遇到这样的情况。有些人总是抱怨自己的生活不如意，对工作、对收入、对家庭都不满意。他们羡慕别人的生活，却不愿意付出努力去改变自己的现状。这种人看似有着远大的理想，但实际上却缺乏脚踏实地的行动，他们的不满并非源于对美好生活的追求，而是源于对现状的不接受和对自身能力的不自信。

壹　开悟

而真正懂得知足常乐的人，能够在平凡的生活中发现美好，珍惜身边的人和事。他们不会因为一时的困难而放弃梦想，也不会因为一时的成功而骄傲自满。他们始终保持着一颗积极进取的心，不断追求自己的梦想，积累更多的财富，为自己和家人创造更好的生活。

进取精神是我们在时代浪潮中奋勇前行的动力。它驱使我们不断学习新知识，提升自身技能，开阔视野，以敏锐的洞察力去捕捉那些潜藏在时代变迁中的财富契机。例如，随着互联网的飞速发展，许多人凭借着对新兴技术的敏锐嗅觉和勇于探索的进取精神，投身于电商、自媒体等新兴领域，通过不懈的努力和创新，不仅实现了个人价值，还创造了巨大的财富。

在这个充满机遇与挑战的时代，我们应该在知足与进取之间找到完美的平衡，以知足的心态去感受生活的美好，以进取的精神去创造财富。

富在术数

与其抱怨贫穷，不如创造财富

在面临生活中的各种不如意时，我们或许都有过这样的瞬间：心中涌起对自身经济状况的无奈与不甘，满心愤懑，不住地抱怨——为何贫困的阴影总是如乌云蔽日，挥之不去。

李明出生在一个普通的小镇家庭，父母都是勤劳朴实的工人。从小，李明就立志，将来一定要出人头地，改变自己和家人的命运。

大学毕业后，李明进入了一家小型企业工作。然而，初入职场的他，对工作环境和薪资待遇都极度不满。每天烦琐重复的工作任务和微薄的薪水，让他觉得自己的才华被埋没了。于是，他开始不停地抱怨，抱怨公司没有给他足够的发展空间，抱怨领导不重视他的付出，抱怨命运的不公。在抱怨中，他的工作状态越来越差，与同事之间的关系也变得紧张起来。

就这样，李明在抱怨中度过了几年的时光，事业毫无起色。一次偶然的机会，李明参加了一个行业研讨会。在研讨会上，他遇到了一位成功的企业家。这位企业家分享了自己从一无所有到创建庞大商业帝国的艰辛历程。李明被深深地触动了，他意识到，自己一直以来都在抱怨中浪费时间，却从未真正努力去改变现状。

从那以后，李明决定做出了改变。他不再抱怨，而是开始积极主动地寻找机会。经过深思熟虑，李明发现了一个潜在的市场需求——

壹 开悟

环保家居用品。随着人们环保意识的不断提高，对环保家居用品的需求也日益增长。李明决定投身这个领域，开启自己的创业之路。

创业初期，困难接踵而至。资金短缺是摆在李明面前的首要难题。他四处寻找投资，却屡屡碰壁。许多投资者对这个新兴的领域持怀疑态度，不愿意冒险投资。面对这样的困境，李明没有抱怨，而是想尽一切办法解决问题。他拿出自己多年的积蓄，还向亲朋好友借了一笔钱，终于凑齐了启动资金。

接下来，产品研发又是一个巨大的挑战。虽然李明没有相关的专业知识和经验，但他并没有因此退缩。他聘请了几位业内的专家，组建了自己的研发团队。在研发过程中，他们遇到了无数的技术难题，多次试验都以失败告终。然而，李明始终保持着积极乐观的态度，鼓励团队成员不要放弃。他和团队成员一起日夜奋战，查阅大量的资料，不断尝试新的方法和技术。经过几个月的努力，他们终于成功研发出了一系列环保家居用品。

产品研发出来了，销售又成了新的问题。由于品牌知名度低，产品很难打开市场。李明亲自带领销售团队，一家一家地拜访经销商和客户。很多时候，他们遭到了拒绝和冷遇，但李明始终坚信自己的产品具有市场竞争力。他不断调整销售策略，加强品牌推广。通过参加各种展会、举办产品发布会等方式，逐渐提高了品牌的知名度和美誉度。

在公司发展的过程中，李明还面临着激烈的市场竞争。同行业的

富在术数

其他企业已经占据了一定的市场份额，拥有更成熟的销售渠道和客户资源。面对强大的竞争对手，李明没有抱怨，而是积极寻找差异化竞争的优势。他不断优化产品质量，提高服务水平，注重客户体验。通过不断地努力，李明的公司逐渐在市场上站稳了脚跟，产品销量稳步增长。

随着公司的不断发展壮大，李明并没有满足于现状。他深知，只有不断创新和进取，才能在激烈的市场竞争中立于不败之地。于是，他加大了对研发的投入，不断推出新产品。同时，他还积极拓展业务领域，与其他企业开展合作，实现资源共享和优势互补。如今，李明的公司已经成为了环保家居用品行业的领军企业，产品畅销国内外。

回顾自己的创业历程，李明感慨万千。他说："曾经，我在抱怨中浪费了太多的时间。但当我决定不再抱怨，而是积极主动地去创造人生时，我发现一切都变得不一样了。生活中总会遇到各种困难和挫折，但抱怨解决不了任何问题。只有勇敢地面对挑战，积极地寻找解决问题的方法，才能实现自己的梦想。"

李明的故事告诉我们，创造人生则是一场充满挑战与机遇的旅程，它需要我们拥有坚定的信念、积极的态度和不懈的努力。

事实上，一味地抱怨贫穷，不过是弱者逃避现实的借口，于改变现状毫无益处。真正明智的做法是，摒弃那些无谓的抱怨，以积极的心态和果敢的行动，投身到创造财富的征程中去。我们可以通过学习新的技能，提升自己在职场上的竞争力，从而获得更高的收入；也可

壹 开悟

以抓住时代的机遇，勇于尝试创业，开拓属于自己的事业版图；还可以培养良好的理财习惯，合理规划每一笔收支，让财富在日积月累中实现增长。

因为，只有当我们停止抱怨，付诸行动，用双手去拼搏、去创造，才有可能真正打破贫困的束缚，迎来属于自己的财富曙光。

将欲望转变为财富，要具备破局思维

很多人心里头常念叨着"要是能有更多的钱就好了"，这是他们对好日子最朴实的期盼；而还有一些人，他们心里那股"要赚更多钱"的劲头，就像是推动他们不断往前冲的引擎，追求着事业上的一个又一个成功。很明显，后者拥有更多财富的概率更大。

对于大多数人来说，"想更有钱"是一种朴素而直接的愿望。人们渴望通过拥有更多的财富来改善生活条件，为家人提供更好的教育、医疗和生活环境。这种愿望往往源自于对现状的不满和对美好生活的向往，但它常常仅停留在"想"的层面，缺乏具体的行动计划和持续的执行力。

陈城出生在一个偏远的小山村，家境贫寒。从小，他就梦想着能够走出大山，过上城里人的生活。每当看到电视上那些高楼大厦、繁华街道，他的心中便充满了无限的憧憬。陈城常常对自己说："我要是有钱了，就能让爸妈过上好日子，也能去大城市看看。"然而，这样的想法更多是一种逃避现实的幻想，他并没有为此付出实际行动。成年后，陈城虽然离开了家乡，但在城市里做着最底层的工作，收入微薄，生活依旧艰辛。他偶尔也会幻想自己一夜暴富，但更多的时候是被生活的重压所困，无法摆脱贫困的循环。

和"想更有钱"的观念不同，"想赚钱"则是一种更加积极主动的心态。有这种想法的人们不仅仅满足于现状，而是将赚钱视为一种挑战，一种实现自我价值的方式。真正的财富拥有者一般都具备强烈的目标感、敏锐的市场洞察力和不懈的努力精神。他们善于把握机会，勇于尝试，即使面临失败也能迅速调整策略，继续前进。

张开出身于一个普通家庭，但他从小就展现出了不同凡响的商业头脑。还在上学时，他就利用课余时间摆地摊，赚取零花钱。大学毕业后，他没有选择安逸的工作，而是决定创业。起初，他的项目并不被看好，甚至遭遇了多次失败。但张开并没有放弃，他深入研究市场，不断调整策略，最终找到了适合自己的商业模式。几年下来，他的企业逐渐壮大，成为行业内的佼佼者。张开"想赚钱"的动力不仅仅是为了个人财富的积累，更重要的是，他享受创业过程中的挑战与成长，以及通过自己的努力为社会创造价值的过程。

"想有钱"与"想赚钱"之间的本质差异，在于心态与行动层面的不同取向。前者往往只停留于美好的愿望之中，缺乏将梦想付诸实践的具体行动和决心；而后者，即那些财富拥有者，则更加注重脚踏实地的实践。他们深知，唯有通过坚持不懈的努力和采用明智的策略，才能真正实现财富的积累与增长。

"积累财富以赚钱为导向的人"与"仅仅渴望拥有财富的一般人"在行为模式上展现出的具体差异：

1. 目标设定不同："想赚钱"的人设定明确、可量化的目标，并制定详细的行动计划；"想有钱"的普通人则往往只有模糊的愿望，缺乏具体的实施步骤。

2.学习态度不同:"想赚钱"的人不断学习新知识,提升自我,以适应不断变化的市场环境;"想有钱"的普通人则可能因循守旧,不愿或不敢尝试新事物。

3.风险承受能力不同:"想赚钱"的人敢于冒险,勇于面对失败,并从中吸取教训;"想有钱"的普通人则往往害怕失败,选择保守,错失良机。

4.人脉建设不同:"想赚钱"的人重视人脉资源的积累,懂得利用人际关系推动事业发展;"想有钱"的普通人则可能忽视这一点,导致信息闭塞,机会有限。

"想有钱"到"想赚钱"的转变,不仅仅是一个词语的变化,更是心态与行动的根本性转变。要实现这一转变,需要个体从内心深处激发改变的动力,勇于面对挑战,不断学习成长,同时建立积极的人际关系网,以更加开放和灵活的心态去拥抱变化。

贰 融通

财富不会青睐那些总是仰仗他人、"手心朝上"过日子的人。而融通进取的人则勇于尝试、勇于突破，不断丰富和完善自己，以开放的心态和积极的行动，开启一扇又一扇财富之门，最终在人生的旅途中积累起丰厚的资本。

> 富在术数

眼光与定位结合，才能实现财富梦

"欲粟者务时，欲治者因势。"在积累财富的征途中，眼光与定位犹如鸟之翼、车之轮，缺一不可。精准的眼光能让我们洞察财富的先机，而明确的定位则确保我们在正确的道路上持续前行。只有将两者紧密结合，才能在激烈的竞争中脱颖而出，实现财富梦想。

在当今这个信息爆炸、机遇与挑战并存的时代，拥有敏锐的眼光至关重要。它是我们识别潜在商机的"慧眼"，能够透过纷繁复杂的表象，发现隐藏的财富。无论是新兴行业的崛起，还是消费市场的转变，都蕴含着无数的致富契机，但只有那些具备敏锐眼光的人，才能率先捕捉到这些信号。

然而，仅有眼光还远远不够。明确且恰当的定位，是将眼光转化为实际财富的关键。定位就像是航海时的指南针，为我们指引前进的方向，它帮助我们确定自己的优势与劣势，找准市场的空白点与需求点，从而在竞争中找到属于自己的独特位置。如果说眼光是发现财富的"探测器"，那么定位就是挖掘财富的"挖掘机"。

吴玉和魏鹏是大学同学，他们都对文学创作充满热情，并且在毕业后不约而同地投身于电子书创作和个人IP的发展事业中。

吴玉有着敏锐的市场洞察力。他注意到，随着生活节奏的加快，

贰　融通

人们对于轻松、幽默且富有生活哲理的短文需求日益增长。这些短文不仅能在碎片时间里为读者带来乐趣，还能给予他们一些思考与启发。同时，吴玉也看到了各大电子书平台对于此类内容的重视与扶持。基于这一敏锐的洞察，吴玉决定将自己的创作定位在"轻松哲理短文"这一细分领域。

为了在这个领域站稳脚跟，吴玉每天都会花大量时间收集生活中的点滴素材，将身边的趣事、感悟以及社会热点事件进行整理与加工。在创作过程中，他注重打磨语言，使其简洁明了、幽默风趣，力求让每一篇短文都能在短时间内吸引读者的注意力，并给他们留下深刻的印象。经过长时间的努力，吴玉的作品逐渐在电子书平台上崭露头角，吸引了众多读者的关注，文章的阅读量与点赞数也不断攀升。很快，一家知名的电子书平台主动向他抛出橄榄枝，与他签订了长期合作合同。凭借着稳定的稿费收入以及平台的推广，吴玉初步实现了财富梦想。

而魏鹏的情况则截然不同，他同样热爱文学创作，但他在创作过程中缺乏明确的定位。他看到言情小说在市场上很受欢迎，于是便跟风创作言情小说；当他发现玄幻小说的热度上升时，又转而投身玄幻小说的创作。由于他总是在跟风，因而难以形成自己独特的风格并形成优势，无法在众多作品中脱颖而出。所以，尽管他也付出了大量的时间和精力，但始终未能受到电子书平台的关注。在经历了多次失败后，魏鹏逐渐失去了信心，最终放弃了自己的创作梦想。

从吴玉和魏鹏的经历中我们不难看出，眼光与定位的结合是实现财富梦想的关键。吴玉凭借敏锐的眼光发现了轻松哲理短文这一潜在的市场需求，并通过明确的定位，专注于这一领域的创作，最终获得财富，而魏鹏虽然看到了市场上的热门趋势，但由于缺乏明确的定位，盲目跟风，导致自己的作品缺乏特色，难以获得市场的认可。历史上类似的情况比比皆是。

范蠡在辅佐越王勾践成就霸业后，敏锐地察觉到政治局势的变化，毅然选择功成身退。他凭借着卓越的商业眼光，看到了当时商业贸易的巨大潜力，于是转而投身商业领域。在经商过程中，范蠡根据不同地区的资源优势和市场需求，进行了精准的商业定位。他在合适的地方从事不同的商品贸易，如在盛产丝绸的地区收购丝绸，运往丝绸稀缺的地区销售。通过这种方式，范蠡迅速积累了巨额财富，成为了历史上著名的富商。

在现代社会，无论是创业、投资还是职业发展，眼光与定位的结合都至关重要。对于创业者来说，要想在激烈的市场竞争中获得财富，就必须具备敏锐的眼光，洞察市场的需求与趋势，同时明确自己的产品或服务的定位，打造独特的竞争优势；对于投资者而言，则需要识别有潜力的投资项目,并且根据自身的风险承受能力和投资目标,进行合理的资产配置。而对于职场人士来说,要想在职场中获得晋升与财富增长,就需要有眼光发现行业的发展趋势,明确自己的职业定位,不断提升自己的专业技能。

放下架子，虚心求教才是致富王道

在人生的旅途中，我们总会遇到各种各样的挑战和机遇，有人选择故步自封，有人则选择勇往直前。而在积累财富的道路上，一种常常被忽视却又至关重要的品质，便是"虚心求教"。放下架子，以一颗谦逊的心去学习和借鉴，不仅能够帮助我们避免许多不必要的弯路，更是通往真正富有的关键所在。

首先，我们需要明确的是，虚心求教并不是一种软弱的表现，而是一种智慧的选择。在这个知识爆炸的时代，没有一个人能够掌握所有的知识和技能。即便是某个领域的专家，也总有自己不了解或未曾触及的方面。因此，承认自己的不足，并主动寻求他人的帮助和指导，是一种明智且高效的策略。它能够帮助我们快速弥补知识的空白，提升自我，从而在竞争中占据有利地位。

在商业领域，我们不难发现，那些能够持续成长、不断壮大的企业，往往都有一个共同的特点，那就是它们的领导者或创始人，都具备极强的学习能力和谦逊的态度。他们深知，无论自己取得了多大的成就，都还有无尽的知识等待学习，有无数的经验可以借鉴。因此，他们总是能够保持一颗开放的心，愿意向任何人请教，哪怕是对手或下属的一个小小建议，也可能成为他们改进和提升的契机。

周立博是一位年轻的创业者，他在大学毕业后便投身于互联网行

贰 融通

业，凭借着敏锐的商业嗅觉和不懈的努力，很快便创办了一家初具规模的公司。然而，随着公司业务的不断拓展，周立博发现自己越来越难以应对日益复杂的市场环境和竞争压力。他开始意识到，仅凭个人的力量是远远不够的，必须借助团队的力量，才能带领公司走得更远。

于是，周立博决定放下架子，虚心向公司的每一位员工求教。他定期召开员工座谈会，鼓励大家畅所欲言，提出对公司发展的意见和建议。不仅如此，他还主动向行业内的专家请教，甚至亲自去竞争对手的公司考察、学习。这种谦逊的态度和开放的心态，很快便在公司内部形成了良好的学习氛围，也激发了员工的积极性和创造力。

在周立博的带领下，公司渐渐有了起色，业务也得到了快速发展。更重要的是，周立博本人也在这个过程中不断成长，从一名初出茅庐的创业者，成长为了一名具有远见卓识的企业家。他深刻体会到"放下架子，虚心求教"是致富王道，决心将这一理念贯穿于公司的每一个发展阶段。

通过周立博的案例，我们不难看出，"放下架子，虚心求教"不仅是个人成长的必由之路，也是企业持续发展的关键所在。在快速变化的商业环境中，只有保持谦逊的心态，不断学习和进步，才能在激烈的市场竞争中立于不败之地。

以乔布斯为例，作为苹果公司的创始人之一，他以其独特的创新精神和领导才能，引领了科技行业的潮流。然而，乔布斯并没有因此而满足。相反，他总是保持着对新事物的好奇心，愿意向任何人学习。

据报道，乔布斯曾多次拜访其他科技公司，与他们的工程师和设计师交流，以获取灵感和启发。正是这种虚心求教的精神，让乔布斯能够不断推陈出新，带领苹果公司走向了一个又一个巅峰。

当然，虚心求教并不是一件容易的事情。它需要我们克服内心的骄傲和自负，承认自己的不足，并愿意向他人低头。这对于许多人来说，无疑是一种巨大的挑战。但是，正如古人所说："满招损，谦受益。"只有当我们真正放下架子，以一颗谦逊的心去学习和借鉴时，才能够真正受益无穷。

那么，如何在日常生活中培养虚心求教的精神呢？

首先，我们需要保持一颗开放的心态。不要害怕承认自己的不足，也不要对新的知识和理念抱有偏见。相反，我们应该以积极的态度去迎接每一个学习的机会，愿意向任何人请教。

其次，我们需要学会倾听。当我们向他人请教时，一定要认真倾听他们的意见和建议，不要急于反驳或打断。只有当我们真正理解了对方的观点时，才能够更好地吸收和借鉴。

最后，我们需要付诸实践。虚心求教不仅仅是一种态度，更是一种行动。只有当我们将学到的知识和理念应用到实践中去时，才能够真正发挥它们的作用。

身体可以躺平，但思想不能"躺平"

在当下的社会语境中，"躺平"的观念迅速蔓延，似乎为人们提供了一种逃避压力、远离奋斗的借口。然而，这看似轻松惬意的"躺平"背后，实则隐藏着巨大的隐患。正如爱默生所言："每一种挫折或不利的突变，是带着同样或较大的有利的种子。"真正的财富拥有者，从不会轻易受到"躺平"的诱惑，他们总是在困境中拼搏，凭借着坚定的信念和不懈的努力，抓住命运的缰绳，实现逆风翻盘。

"躺平"的观念，让人们误以为可以通过放弃努力，来换取内心的宁静与安逸。但事实上，这种消极的态度只会让人在原地踏步，逐渐被时代的浪潮所淹没。与之相反，那些在历史长河中熠熠生辉的成功者，无一不是凭借着顽强的拼搏精神，在命运的起伏中砥砺前行。

著名篮球运动员迈克尔·乔丹的篮球生涯并非一帆风顺。在高中时期，乔丹甚至没有被校篮球队选中。这对于一个怀揣着篮球梦想的少年来说，无疑是沉重的打击。然而，乔丹并没有选择"躺平"，他坚信自己的篮球天赋，凭借着对篮球的热爱和超乎常人的努力，每天刻苦训练。他不断提升自己的篮球技术，从投篮、运球到防守，每一个环节都精益求精。最终，他不仅进入了校篮球队，还凭借出色的表现进入了大学篮球队，之后更是在NBA赛场上大放异彩，成为了篮球史上的传奇人物。

富在术数

乔丹的故事告诉我们，即使在最艰难的时刻，只要保持坚定的信念和不懈的努力，就有可能扭转命运，实现梦想。

某服饰品牌的创始人王强出身平凡，在创业初期，他面临着资金短缺、市场竞争激烈等诸多难题。公司成立之初，他们设计的服装款式并不被市场所认可，首批生产的服装积压严重，资金链几近断裂。这对于刚刚起步的服装品牌来说，无疑是巨大的危机。

面对如此困境，王强没有丝毫想要"躺平"的念头。他深知，只有拼尽全力，才有可能在这残酷的市场竞争中存活下来。王强亲自带领设计团队，深入市场调研，了解消费者的喜好和需求。他发现，随着环保意识的增强，消费者对于环保面料的服装需求日益增长。于是，王强果断决定转变公司的设计方向，专注于研发和生产环保面料的时尚服装。

然而，转型之路充满艰辛。一方面，环保面料的采购成本较高，这对于资金紧张的王强来说是一个巨大的挑战。他四处奔走，与供应商协商合作，争取到了较为优惠的采购价格。另一方面，在设计上，如何将环保面料与时尚元素完美结合，也是一个难题。王强邀请了业内顶尖的设计师，与团队一起日夜钻研，经过无数次的设计修改，终于推出了一系列既环保又时尚的服装款式。

在市场推广方面，王强同样不遗余力。他积极参加各类服装展销会，通过现场展示和模特走秀，向客户展示自家品牌的独特魅力。同时，他还利用互联网平台，进行线上推广，吸引了大量年轻消费者的关注。

经过几年的努力，王强经营的服装品牌逐渐打开了市场，品牌知名度不断提升，产品销量也逐年攀升，王强本人也实现了从普通创业者到成功企业家的华丽转身。

在这个瞬息万变的时代，"躺平"或许能带来一时的轻松，但绝不可能带来长久的成就。那些选择"躺平"的人，最终只会在岁月的流逝中，眼睁睁地看着机会从身边溜走，而自己却一事无成。而那些勇于拼搏的逐梦人，必定会在命运的暴风雨中乘风破浪，坚定不移地驶向成功的彼岸。

脾气减三分，和气才能生财

生活中，我们时常能观察到这样一个现象：那些内心缺乏自信的人，往往像极了一只时刻蜷缩身体、满身锋芒的刺猬，对外界的任何轻微触碰都表现出过度的敏感与防备，仿佛每一根竖起的刺都是他们脆弱内心的外在映射。这种状态下，人们往往容易陷入一种恶性循环，内心的不安驱使他们以攻击性的姿态面对世界，而这份攻击性，又在无形中筑起了一道高墙，隔绝了理解与温暖，进一步加剧了内心的孤独与恐惧。

在这一背景下，探讨个人脾性与生活境遇之间的关系，尤其是脾气与财运之间的联系，显得尤为耐人寻味。

"和气生财"不仅是对人际交往中和谐氛围重要性的强调，更是对成功哲学的一种深刻阐述。和气，不仅仅是指表面上的礼貌与客气，更是一种内心深处的平和与包容，是历经世事后的豁达与智慧。一个能够时刻保持和气的人，无论面对何种境遇，都能以积极乐观的态度去应对，这种正能量不仅能够吸引更多的朋友与合作机会，更能在无形中为自己开辟出一条通往财富的道路。

人们常说"本事胜一筹，脾气减三分"，这句话精练地概括了成功人士之所以能在众多竞争者中脱颖而出的关键所在。本事胜一筹，自然指的是他们在专业技能、知识储备、创新思维等方面的卓越表现，这是财富拥有者不可或缺的硬实力。然而，真正让他们在众多佼佼者

贰 融通

中独树一帜的,往往是那"脾气减三分"的软实力。这里的"脾气减三分",并非指完全没有脾气或一味忍让,而是指在面对压力、挑战乃至拥有财富时,能够保持一颗平常心,不为外界的风云变幻所动,以一种更加成熟、理性的方式处理问题。

有一家商贸型企业,为了取得当季的贸易订单,指派了两位业务经理与客户方的采购经理接洽、协商。经过两位业务经理长达几个月时间的共同努力,采购经理终于同意签约。但是,在预定签约的当天,采购经理却表示不能签约了,因为该公司的总经理对这次合作的模式有了新的想法与意见,需要内部再讨论后才能做最后决定,届时将再联系这两位业务经理。

面对这一突发状况,其中一位业务经理A认为被对方欺骗了,深感屈辱的他,愤怒地向客户方的采购经理破口大骂,随后拂袖而去。

而另一位业务经理B面对这种状况,虽然内心的感受与业务经理A完全相同,但他平心静气地思考:"如果对方真的没有意愿合作,就算死缠烂打也无济于事。此时,发泄情绪解决不了任何问题。"他进一步思考,客户方可能真的如这位采购经理所言,确有歧见,不如待其内部意见统一后再定。而且,他仔细推敲这位采购经理的用词,觉得这次合作还未到完全破裂的地步,不能轻言放弃。况且,就算此次合作告吹,只要维护好彼此的良好关系,日后必有合作的机会。他稍微调整心情后,语气平和地接受了客户采购经理的请求,与其握手致意后离开了。

一周后,客户方的总经理终于弄清契约的来龙去脉,决定大幅增加采购清单上的品项、数量，达成了比之前更好的合作。

《孙子兵法》言："主不可以怒而兴师，将不可以愠而致战。"职位越高的人越要懂得控制自己的情绪，避免在情绪上头时做决定，以免造成不可挽回的后果。

情绪的失控往往意味着判断力的下降，而良好的情绪管理能力，则是决策者们保持高效决策、维护良好人际关系的重要法宝。在商业谈判中，适度的退让与包容，往往能够化解僵局，达成双赢的局面。在个人成长的道路上，学会自我调节，不让负面情绪成为前行的阻碍，是通往更高境界的必经之路。

"脾气减三分"，还体现在那些真正的财富拥有者对于自我认知的深刻与谦逊上。他们明白，无论取得多大的成就，都不过是人生旅途中的一站，保持学习的热情，勇于承认自己的不足，才能在不断变化的世界中持续进步。

此外，财富拥有者还懂得如何运用"和气"来构建自己的社交网络。在现代社会，人脉资源的重要性不言而喻。一个能够广结善缘、乐于助人的人，自然能够吸引更多志同道合的朋友，形成一个积极向上的支持系统。这种基于真诚与尊重建立的人际关系，不仅能在关键时刻提供实质性的帮助，更是精神层面上的慰藉与鼓励，让追逐财富的道路不再孤单。

贰　融通

圆融处世，财富追着你跑

在人生的长河中，每个人都是独一无二的存在，个性如同影子，伴随着每个人的一生。然而，当个性过于鲜明，也可能会成为阻碍我们前行的绊脚石。

阿麦是一个来自西北的豪爽女子，她的性格如同她所生活的那片土地一样，广阔而粗犷。阿麦的小店坐落在西山脚下的一个早市，八年来，她的摊位始终如一，稳定的客户群为她带来了每月不菲的收入。对于这样的生活，阿麦感到十分满足，毕竟与老家那些辛勤劳作的姐妹相比，她的日子已经好了许多。后来，她用自己的积蓄在家乡市郊为儿子购置了一套房产，这更是让她感到无比的骄傲和自豪。

小米是一位非常出色的设计师，她在北京的国际商厦拥有自己的服装设计公司，她自有品牌的服装店铺一般都在高档的商场，虽然周围环绕着众多国际奢侈品牌，但她的设计却独树一帜，吸引了众多身价不菲的顾客。尽管电商的冲击让许多实体店铺举步维艰，但小米的店铺却始终生意兴隆，客户络绎不绝。她的年收入高达千万，这样的成就让人不得不刮目相看。

阿麦和小米同样来自农村，同样因为高考落榜而来到北京谋生，同样选择了服装行业，那么为什么她们的命运会有如此大的差异呢？是命运的不公，还是技术的悬殊？都不是。论服装方面的天赋，阿麦

富在术数

甚至还要更胜一筹。那么，造成她们命运差异的真正原因究竟是什么呢？

答案在于个性。阿麦的个性太过鲜明，她对于不顺眼的顾客、不爱听的话语、过于挑剔的要求，总是毫不留情地拒绝。她的这种态度虽然让她保持了自己的个性，但也让她的客户群体变得单一，只局限于那些与她相处得来的人。而小米则截然不同，她对待每一位顾客都极其耐心和温柔。无论顾客提出多么刁钻的要求，她都能以平和的心态去应对，最终让顾客满意而归。

记得有一次，一个南京的女人带着自己的布料来找小米做旗袍。明明是按照顾客的要求和尺寸量身定做的，但对方却百般刁难，抱怨衣服不是自己想要的感觉。然而，小米却以极为真诚的态度安抚了那位女顾客，并提出了多个改良方案。这样的态度最终感动了那位女顾客，她不仅成为了小米的忠实客户，还为小米的店铺带来了很多客源。

小米的成功并非偶然，她的圆融与包容让她在竞争激烈的商业环境中脱颖而出。而阿麦虽然个性鲜明，但她的倔强和固执却让她错失了很多的发展机会。这不禁让人深思：做人是否应该适时地收敛自己的个性，以更加圆融的态度去面对生活中的挑战呢？

其实，在每个人的生活中，每一次的折磨与挑战都扮演着历练与成长的角色。我们要学会换位思考，重新审视那些原先看不惯的人和事。有时候，正是那些看似折磨了你的人，最终成为了你生命中的贵人，他们以独特的方式促使你的成长，助你成就自我。因此，学会放下脾气，以平和的心态去面对生活中的一切，显得尤为重要。

当一个人能够圆融处世，幸福与财富往往会自然而然地降临。其中的得失平衡，值得每个人深思熟虑、仔细掂量。在未来的日子里，愿每个人都能以更加圆融的态度去迎接生活中的挑战与机遇，最终收获属于自己的幸福与成功。

富在术数

太要面子，就会丢掉财富

自古以来，在众人心目中，"人活一张脸、树活一张皮"的面子观念早已根深蒂固，然而，这一观念往往会蒙蔽人们的双眼，阻碍人们前行的脚步。而真正睿智的抉择，是拨开这层面纱，聚焦于价值与结果，向着人生的目标稳步迈进。

西汉初期，名将韩信的经历堪称典范。韩信年轻时，家境贫寒，又不会经商谋生，常常依靠他人接济度日，因而遭受了许多白眼与羞辱。其中，最广为人知的便是"胯下之辱"。

一日，韩信在街上遇到一个屠夫，屠夫有意刁难他，挑衅道："你虽长得高大，还佩带着刀剑，实则是个胆小鬼。你要是有胆量，就拔剑刺我；要是没胆量，就从我胯下爬过去。"周围的人纷纷围拢过来，等着看韩信的笑话。韩信心中明白，若此刻为了维护所谓的颜面，拔剑与屠夫争斗，无论胜负，自己都可能陷入更大的困境，甚至性命不保，更何谈日后的抱负与理想。于是，他在众人的惊愕目光中，缓缓俯下身，从屠夫的胯下爬了过去。

这一忍辱之举，让韩信受尽旁人奚落，可他全然不顾，将精力都放在研习兵法、提升谋略之上。后来，秦末乱世，各地豪杰纷纷揭竿而起，韩信抓住时机，投身军旅。起初，他在项梁、项羽麾下，未受重用，但他并未气馁，转而投奔刘邦。在刘邦阵营，他凭借卓越的军

贰 融通

事才能，明修栈道，暗度陈仓，平定三秦之地；又在楚汉相争的战场上，屡出奇招，背水一战大破赵军，垓下之战更是逼得项羽乌江自刎，为刘邦建立大汉王朝立下赫赫战功，成为名震天下的开国功臣。

韩信用他的人生轨迹向世人昭示，在困境之中，不被面子所累，执着追求长远价值与理想结果，方能成就非凡大业。在现实生活中，我们常常能看到，有相当一部分人，因为将面子看得过重，以至于在面对诸多抉择时，过度在意他人的眼光与评价，从而做出一些并不明智的决策。在追求所谓面子的过程中，他们不惜放弃原本可能获得财富的机会。

例如，一些人在创业时，因害怕失败后被人嘲笑，即使察觉到市场的潜在商机，也因面子作祟，不敢迈出尝试的步伐，最终与财富擦肩而过；还有些人在职业发展中，为了维持表面的风光，坚持从事一些看似体面却收入微薄的工作，拒绝那些可能带来丰厚回报但稍显"掉价"的业务，从而错失了积累财富的契机。这些人被面子所累，在无形之中，将获取财富的可能性拱手相让，实在令人惋惜。

方林是一位初出茅庐的设计师，毕业于一所普通院校，怀揣着对设计的热爱踏入竞争激烈的广告行业。初入职场，他所在的团队接手了一个重要项目，要为一家大型企业设计全新的品牌形象。团队讨论方案时，方林提出了一个别出心裁的创意，融合了当下前沿的设计理念与企业深厚的文化底蕴。然而，当他在众人面前阐述方案时，几位资深同事却面露不屑，言语间满是质疑，认为他一个新人太过理想化，

富在术数

不懂市场现实，甚至暗讽他"自不量力"，妄图凭借一个未经检验的想法就想拿下大项目。方林的脸瞬间涨得通红，内心满是委屈与愤怒，他深知若此时与同事争执，只为维护自己那点被践踏的"脸面"，不仅会让团队气氛更加紧张，项目也会陷入僵局。

短暂的挣扎后，方林选择了隐忍，他静下心来，利用业余时间查阅大量资料，走访市场调研消费者的喜好，反复打磨自己的方案，还向公司内外的设计前辈虚心请教可行性。在后续的方案研讨中，他再次鼓起勇气，条理清晰、数据翔实且满怀激情地呈现了优化后的设计。这一次，他用专业和诚意打动了众人，客户也对方案青睐有加，项目顺利推进。最终，方林凭借这个项目在公司崭露头角，为自己赢得了尊重与更多的发展机会。他明白，当初自己如果被"面子"绊住，执着于反驳同事的轻视，就不可能收获如今的成果。

过分在意面子往往会成为积累财富路上的绊脚石，而那些能够放下所谓面子，以务实态度和长远眼光看待财富积累的人，往往能更敏锐地捕捉到各种财富机遇。他们不会因一时的面子问题而故步自封，而是愿意以开放的心态不断学习，根据市场需求调整策略，勇于尝试新的商业模式，最终凭借这种放下身段、脚踏实地的精神，在财富的道路上稳步前行，收获成功与财富。

曾经有一家传统的手工皮具工坊，在工业化浪潮冲击下，订单锐减，经营艰难。工坊主面临着两难的抉择：一方面，继续沿用传统手工制作工艺，虽能维持皮具的高品质与独特韵味，但成本高昂，产量受限，在价格战频发的市场中，显得格格不入；另一方面，引入机械化生产流水线，短期内能大幅降低成本、提高产量，迅速抢占市场份额，然而却可能被同行指责"背离传统"，遭受"匠人精神已失"的非议。

工坊主在深思熟虑后，毅然选择了后者。他顶着外界的舆论压力，积极引进先进设备，同时保留部分核心手工工序，用以打造高端产品线。通过优化生产流程、拓展销售渠道，工坊不仅迅速扭亏为盈，还凭借差异化的产品布局，在市场中站稳脚跟，将品牌影响力拓展至国际舞台。

此时，曾经那些关于"面子"的争议早已烟消云散，取而代之的是行业内外对其创新求变、追求卓越商业价值的赞誉。

古人云："死要面子活受罪。"一个人过于追求面子，会导致不切实际的消费行为和虚荣心，从而影响个人的财富积累；真正富有的人往往懂得放下面子，专注于实力的积累和目标的实现。

每一分财富的背后，都是无数次的尝试、失败与坚持。那些过于执着于面子的人，犹如被绳索束缚住手脚的行者，在追逐财富的道路上举步维艰，最终只能眼睁睁地看着财富从指缝间溜走，徒留遗憾。在追逐财富的道路上，我们应该抛开虚荣心和攀比，注重自身的实力和能力的提升，从而在实现财富的同时获得真正的尊重和自尊。

富在术数

坐等良机，往往会坐失良机

在风云变幻的商业世界中，机遇如同稍纵即逝的流星般一闪而过。无数创业者怀揣梦想投身其中，追逐梦想和财富。然而，其中一些人却因秉持"坐等良机"的心态，最终与成功失之交臂，令人扼腕叹息。

有一家传统的服装制造企业曾经在本地市场小有名气，凭借几款经典的服装设计，收获了一批稳定的客户群体，在过去的十几年里也算是赚得盆满钵满。随着互联网电商的兴起，线上购物逐渐成为主流消费模式，市场环境发生了翻天覆地的变化。许多同行敏锐地察觉到这一趋势，纷纷投入资源搭建线上销售平台，拓展全国乃至全球的市场版图。然而，这家企业的老板却认为，自己现有的线下客户已经足够维持生意，电商领域竞争激烈，风险太大，不如继续坐等线下的商机，安稳度日。

起初，线上业务开展的同行们确实遇到了诸多难题，诸如物流配送的协调、线上店铺的运营推广、客户对于线上试衣的体验优化等。但他们并没有退缩，而是积极地寻找解决方案，不断调整策略。经过一段时间的摸索与坚持，这些先行一步的企业开始尝到甜头，线上订单量呈爆发式增长，品牌知名度也得到了极大提升，不仅拓宽了客源，还降低了对单一线下渠道的依赖，增强了抵御市场风险的能力。

贰 融通

反观那家故步自封的服装企业,随着时间的推移,由于线下市场逐渐被电商分流,他们的客源日益萎缩。此时,老板才意识到问题的严重性,想要仓促入局电商,却发现市场早已被瓜分殆尽,消费者对于品牌的认知已经固化,新进入的成本和难度超乎想象。曾经积累的优势在错失良机的漫长等待中消耗殆尽,企业陷入了艰难的困境,苦苦挣扎在生存线上。

无独有偶,在新兴的科技领域,也不乏这样的案例。

某小型软件开发团队,成员们个个技术精湛,对行业趋势有着深刻的理解。他们研发出了一款极具创新性的办公协作软件,其功能相较于市面上已有的同类产品,具有操作便捷、功能集成度高、安全性能卓越等诸多优势。

这本该是他们抢占市场先机、一举成名的绝佳机会,可惜的是,由于团队负责人过于谨慎,担心软件推出后面临的用户反馈压力、后续的维护成本以及与大公司竞争的风险,他总是想着等市场更加成熟,等竞争对手出现漏洞,等有更多的资本主动找上门来再行动。于是,软件一直处于内部测试阶段,没有推向市场。

与此同时,其他一些嗅觉敏锐的创业团队,尽管在产品初始阶段或许并不如前者完善,但他们果断地将产品推向市场,接受用户的检验。通过用户反馈,快速迭代优化,积极开展市场推广活动,与各大企业、机构建立合作关系。在这个过程中,他们吸引了大量的投资,团队规模不断扩大,产品功能持续改进,逐渐在市场上站稳脚跟,形成了品牌影响力。

当那家坐等良机的软件开发团队终于决定推出产品时，却发现市场上已经充斥着各种类似的成熟产品，用户的使用习惯已经养成，转换成本颇高。最终，尽管他们的软件质量上乘，但由于错过了上市的最佳时机，在激烈的市场竞争中只能艰难地争取微不足道的市场份额，前期投入的大量研发成本难以收回，团队士气低落，创业之路陷入僵局。

这些商业案例无不警示着我们，"坐等良机"绝非明智之举。许多人怀揣着梦想，渴望成功与财富的降临，却只是消极地守株待兔，期望好运主动上门。他们总觉得，只要等待足够久，机会就会自然而然地出现。

然而，现实却无比残酷，市场环境犹如汹涌的浪潮，机会稍纵即逝。当人们安逸地坐等时，那些积极主动的人早已凭借敏锐的洞察力，在市场的浪潮中发现商机；凭借果断的行动力，迅速抢占先机。就像在电商崛起初期，部分人坐等电商发展成熟，幻想能轻松分一杯羹，而马云等创业者却主动出击，在艰难中摸索前行，最终缔造了商业传奇。

良好的机遇对于每个人来说，没有彩排，只有直播，如果没有把握住的话，只能遗憾万分。坐等良机，就如同守着干涸的河床等待洪水，只会在原地徒耗时光，错过一次次可以改变命运的契机，最终只能在悔恨中看着机会远去。所以，我们绝不能坐等良机，而应主动寻找，才能在时代的洪流中抓住机遇，扼住财富的咽喉。

贰 融通

做事越主动，财富越会主动靠近你

在人生的道路上，我们常常会遇到各种挑战和机遇。有些人能够抓住机遇，迎难而上，最终获得财富；而有些人则总是错失良机，止步不前。这其中的差别，往往就在于一个人是否具备积极主动的精神。

在青岛某条繁华的步行街上，有一家生意兴隆的内衣店，老板是一个名叫倩倩的 23 岁女孩。

三年前，倩倩从乡下来到青岛，怀揣着对未来的憧憬，应聘了一家内衣店的店员职位。但初次见面时，老板却因为她过于外向的性格而犹豫是否录用。在老板看来，卖内衣需要的是恬静和耐心，而倩倩似乎更适合普通的服装销售工作。然而，倩倩并没有因为老板的犹豫而放弃，在她不断地自我推荐下，最终获得了这个工作机会。

入职后，倩倩并没有满足于做一个普通的店员。她发现，很多顾客在挑选内衣时存在误区，要么只看重价格，要么只追求外观，而忽视了内衣的实用性和舒适度。于是，倩倩开始主动学习内衣知识，了解不同尺寸和材质的内衣对女性身体的影响。她不仅记住了每一个尺寸的数据，还根据顾客的体型和需求，给出专业的建议。她的这种主动服务，很快赢得了顾客的信任和认可。

不仅如此，倩倩还主动观察市场动态，了解顾客的消费习惯和需求变化。她发现，随着生活水平的提高，顾客越来越注重内衣的品质和舒适度。于是，她开始向顾客推荐一些价格稍高但品质卓越的内衣产品。虽然一开始遇到了一些阻力，但倩倩并没有放弃。她用自己的专业知识和亲身体验，向顾客展示高品质内衣的优势。渐渐地，顾客们开始接受她的建议，甚至专门等她在店里的时候来购买内衣。

倩倩的主动精神并没有止步于此。在积累了一定的经验和资金后，她决定自己创业，开一家内衣店。在选择品牌时，她主动考察市场，最终选择了一个生产中高档内衣的品牌进行加盟。虽然初期遇到了一些困难，但倩倩并没有退缩。她主动与品牌总部沟通，反馈市场情况，寻求解决方案。当总部推出新的竹纤维产品时，倩倩更是第一时间引进，亲自试穿体验后向顾客推荐。这种主动的态度和行动，让她的内衣店生意越来越红火。

随着生意的扩大，倩倩并没有满足于现状。她主动寻求更多的发展机会，先后开了四家加盟店。在经营过程中，她发现不同店铺的货品销售情况存在差异。于是，她主动调配货品，实现资源共享，降低了库存成本。同时，她还主动探索新的盈利模式，考虑开设工厂代工内衣品牌的可能性。这种不断主动寻求突破的精神，让倩倩的事业蒸蒸日上。

倩倩的故事告诉我们，做事越主动的人，越容易成功，也越容易受到财富的青睐。这是因为主动精神具有以下几个方面的力量：

1. 主动意味着机会：在激烈的社会竞争中，机会往往眷顾那些主动出击的人。倩倩之所以能够从一名普通店员成长为内衣店女老板，就是因为她主动抓住了每一个学习和发展的机会。

2. 主动带来成长：主动做事的人往往更愿意学习和提升自己。倩倩通过主动学习内衣知识，提升自己的专业素养，以专业且有针对性的服务赢得了顾客的信任和喜爱。这种成长不仅让她在工作中更加得心应手，也为她的创业之路奠定了坚实的基础。

3. 主动创造价值：主动的人总是能够发现市场中的空白和机会，从而创造出更大的价值。倩倩通过主动观察市场动态，了解顾客需求，引进高品质内衣产品，不仅满足了顾客的需求，也为自己的内衣店创造了更高的利润。

4. 主动引领变革：在变化莫测的市场环境中，主动的人总是能够引领变革，抓住机遇。倩倩通过主动寻求突破，开设加盟店、调配货品、探索新的盈利模式，让自己的事业不断迈上新的台阶。

主动精神是一种态度，也是一种习惯。它要求我们在面对困难和挑战时，不逃避、不退缩，而是勇敢地迎难而上；在面对机遇和机会时，不犹豫、不等待，而是果断地抓住它们。只有当我们把主动精神变成一种习惯时，我们才能在人生的道路上不断前行，从而获得更多的财富。

别怕失败，行动起来才是王道

在面对未知与挑战时，许多人心中都会涌起一丝犹豫："万一失败了怎么办？"这种担忧并非个例，而是普遍存在于大部分人的心中。它像一道无形的枷锁，束缚着我们的手脚，让我们在机遇面前犹豫不决，甚至错失良机。

其实，很多时候，我们不必过于在意结果。因为，在追逐财富的过程中，我们已经收获了成长与经验。正如那句老话所说："爱拼才会赢。"只有勇敢地迈出第一步，我们才能有机会去触碰财富的大门。

在职场上，许多人都曾有过进退两难的尴尬时刻。他们或许因为年龄、经验或收入等因素而踌躇不定，既害怕失去当下的稳定，又渴望突破自我，实现更大的价值。然而，正是这种患得患失的心态，让他们在原地踏步，无法向前。

其实，每个人的潜力都是无限的。只要我们敢于尝试，敢于挑战自我，就能发现新的可能。就像联想集团的柳传志一样，他在关键时刻果断放弃 AST（虹志公司）的电脑代理权，转而主攻联想的品牌微机。这一决策不仅让联想成为了中国乃至全球的名牌，也成就了他自己的传奇人生。

在快速变化的世界里，那些敢于果断行动、敢于面对挑战的人，往往更能把握住机会。他们不会因为过去的失意和挫败而畏首畏尾，而是用百倍的勇气去面对现实，去追求自己的梦想。这种心态和品格，正是他们能够在职场上脱颖而出的关键。

"不要试图用语言证明你是什么样的人，你是否有成就在于你是否有行动的习惯。"的确，实践是检验真理的唯一标准。只有敢于行动，敢于拼搏，我们才能在人生的道路上不断前行，不断超越自我。

在繁华都市的商业丛林中，佳明创立的科技公司曾在风雨中艰难求生。几年前，佳明怀揣一腔热血，凭借着自己在人工智能领域的专业知识，与几个志同道合的伙伴一头扎进了创业的浪潮。

创业初期，公司致力于研发一款智能教育辅助软件，旨在为学生提供个性化的学习方案，打破传统教育"一刀切"的模式。然而，理想很丰满，现实却骨感得令人揪心。资金如沙漏中的细沙，不断地漏走，研发进度却屡屡受阻。技术难题一个接着一个，团队成员们日夜奋战，却仿佛陷入了泥沼，越挣扎陷得越深。市场推广方面更是一片荒芜，产品无人问津，好不容易拉来的几个潜在客户，在试用后也都纷纷摇头。

佳明感受到了前所未有的压力，创业之路举步维艰，因为脑海中总是不自觉地浮现出"万一失败"这四个字。每次想要加大研发投入，他就会担心万一钱打了水漂怎么办；计划拓展市场渠道，又害怕投入大量人力物力后得不到丝毫回报。这种瞻前顾后的心态，让公司陷入了恶性循环，士气低落，人心惶惶，似乎失败的阴霾已经笼罩在头顶，随时可能倾盆而下。

富在术数

转机发生在一次行业峰会上，佳明看到了同行们展示的创新成果，那些曾经和他起点相似，甚至资源还不如他的创业者，如今都已在各自领域崭露头角。他们分享的创业故事中，充满了勇往直前、不惧失败的豪情。其中一位创业者的话如同一记重锤，敲醒了李明："在创业路上，你要是一直想着万一失败，那必然会失败，只有敢拼，才有赢的可能！"

佳明开始反思，他意识到自己不能再被恐惧束缚手脚。回到公司后，他召开了一场全员大会，坦诚地分享了自己内心的挣扎与转变，并且立下决心："从现在起，我们不再考虑万一失败，我们只管放手去拼！"

首先，他重新评估了技术研发方向，大胆砍掉了一些过于复杂且实用性不强的功能，集中精力攻克核心难题，同时引入外部专家进行指导，不惜重金聘请行业顶尖人才加入团队，虽然这意味着短期内资金压力骤增，但他坚信这是破局的关键。在市场推广上，他摒弃了过去小打小闹、试图节省成本的做法，与多家知名教育机构达成合作，利用对方的渠道和品牌影响力，联合推广产品。此外，他还策划了一系列线上线下相结合的营销活动，免费开放软件的基础版本供用户体验，收集反馈后迅速迭代优化。

在这个过程中，虽然困难依旧接踵而至，但佳明和他的团队不再畏缩。当遇到资金短缺，无法按时支付供应商货款时，他们主动与供应商沟通，以真诚的态度和未来的发展前景赢得了对方的信任，争取延期付款的机会；面对市场上竞争对手的恶意打压，他们冷静分析对手的弱点，突出自身产品的差异化优势，用实力说话。

渐渐地，公司的软件开始受到学校、家长和学生的关注，用户数量呈现出爆发式增长。因为有了良好的口碑，订单如雪片般飞来，公司不仅实现了收支平衡，还获得了多轮投资，开启了高速发展的新篇章。

如今，佳明的公司已经成为智能教育领域的佼佼者。回首往昔，他感慨万分："从'万一失败'的阴霾中走出来，到'敢拼能赢'的豪迈前行，这一路的蜕变，让我深知，创业就是一场与恐惧和未知的较量，唯有怀揣勇气，砥砺奋进，才能闯出属于自己的天地。"

由此可见，在创业道路上，恐惧与担忧只会束缚前行的脚步，只有勇敢地直面挑战，果断决策并积极行动，才能打破困境。创业者不仅要有应对困难的勇气，还需具备灵活调整策略的智慧，不断优化产品与推广方式，以差异化优势立足市场。

富在术数

拼一把，才知道自己的财富能力有多强

在干旱的池塘中，一群鳄鱼正面临着生死存亡的抉择。大部分鳄鱼选择困守原地，最终难逃被吞噬的命运。而一只小鳄鱼却勇敢地离开了池塘，历经艰辛，最终找到了一片水草丰美的绿洲。

在现实生活中，当我们探寻那些真正拥有财富的人的成长轨迹时，不难发现，他们身上都闪烁着一种共同的特质——冒险精神。这种精神如同夜空中最亮的星，引领着他们穿越未知与风险，并最终抵达成功的彼岸。

比亚迪股份有限公司董事局主席兼总裁王传福，农村出身，26岁时便成为高级工程师、副教授。在短短7年时间里，他将镍镉电池产销量做到全球第一、镍氢电池排名第二、锂电池排名第三。37岁时，他已是享誉全球的"电池大王"，坐拥3.38亿美元的财富。2003年，他斥巨资进入汽车行业，誓要成为汽车大王……是什么成就了他青年创业的神话，成为商界奇才的呢？很多人认为答案是智慧、精干和汗水，而他自己则认为，"最关键的是要有冒险精神"。

再来看看国内连环创业最成功的企业家之一，有中国"创业教父"之称、汉庭连锁酒店的创始人季琦，在十年创业路上，他创造了3家市值超过10亿美元的企业。他在接受采访时曾表示："第一次创业做携程，那是为了财富梦，穷小子想发大财；第二次做如家，接近了自

贰 融通

我实现，进入一个新行业；现在做汉庭就是为了理想，为了有一份自己喜欢的事业了。"

在季琦看来，一个成功的创业者，首先要具备的就是冒险精神，他说："冒险精神让你勇于尝试，做他人所不敢和不能。"有人永远渴望得到更高的成就，但却不敢像成功人士那样去攀登危险峭壁，因此，他们一辈子都只能是仰望他人。只有敢于冒险的人，才有可能最终站在高峰之上。

冒险精神不仅是个人追逐财富的关键，也是推动社会进步的重要力量。正如尼采所言："对待生命你不妨大胆冒险一点，因为我们最终都要失去它。"这句话深刻揭示了冒险与生命的内在联系——生命的意义在于探索未知，而探索未知必然伴随着风险与挑战。那些敢于冒险的人，正是以这种无畏的姿态，不断拓展人类的认知边界，推动着社会向前发展。

以马罗·路易斯为例，这位美国广告业的传奇人物，其辉煌成就正是两次重大冒险的结果。年轻时，他放弃了稳定的广告公司工作，毅然决然地踏上了创业之路，尽管首次尝试因种种原因未能如愿，但这次经历却为他赢得了 CBS 的青睐，开启了他职业生涯的新篇章。马罗的故事告诉我们，即使冒险未能直接获得更多的财富，但是，我们在冒险中所积累的经验、人脉和视野，也是无价之宝，为未来追逐财富的道路奠定了坚实的基础。

在现实生活中，我们往往被各种规则、框架所束缚，害怕失败，

富在术数

畏惧改变。然而，真正获得财富的人，往往能够打破这些束缚，勇于尝试，敢于冒险。他们深知，机会总是留给那些敢于迈出第一步的人。就像那群困于干涸池塘中的鳄鱼，只有那只勇敢的小鳄鱼，敢于离开熟悉的环境，去寻找新的生存之地，最终找到了生命的绿洲。这个故事启示我们，面对困境，唯有勇于尝试，才能找到出路，畏缩不前只能等待灭亡。

因此，无论是王传福的电池王国，季琦的连锁酒店帝国，还是马罗·路易斯的广告传奇，他们的成功都不是偶然，而是冒险精神浇灌出的花朵。对于每一个渴望获得财富的人来说，冒险不仅仅是一种选择，更是一种生活态度，一种对未知世界的无限好奇与探索。它要求我们在面对挑战时，不仅要有勇气迈出第一步，更要有智慧和毅力去坚持，去克服途中的重重困难。

叁 取势

"自行一百步，不如贵人扶一步。""贵人相助，如虎添翼。""好风凭借力，送我上青云。"利与势分不开，有势就有利。拥有更多财富者，尤其善借资源，借人之力、借智之道、借时代之势，尽自己所能为自己蓄力。借一切可借之力，先不必求利。

富在术数

成长越快，你的财富容器越大

在当今社会，金钱似乎成为了许多人眼中衡量成功与幸福的首要标准。人们行色匆匆，穿梭于城市的大街小巷，为了获取更多的财富而不懈奔波。然而，当我们静下心来审视人生时，就会发现，与其盲目地追逐金钱，不如将目光投向自身，努力提升个人层次。个人层次的提升，不仅能为我们带来更为丰富的精神世界，还能为获取财富创造更为坚实的基础，引领我们走向真正有价值的人生。

林晓是一个出身普通家庭的年轻人，大学毕业后，她进入了一家广告公司工作。起初，她和许多人一样，将目光紧紧盯在薪资上，为了多赚些钱，她频繁地加班，甚至为了争取一些小项目而不惜与同事产生竞争矛盾。然而，一段时间后，林晓发现自己虽然收入有所增加，但在公司的发展却陷入了瓶颈，同事们对她的评价也并不高。

林晓开始反思自己的行为，她意识到，单纯地追逐金钱，并不能给她带来真正的成功和满足。于是，她决定转变方向，努力提升自己。林晓开始利用自己业余时间，报名参加了各种专业培训课程，学习市场营销、创意设计等方面的知识，不断提升自己的专业素养。同时，她还阅读了大量关于人际交往、心理学等方面的书籍，努力改善自己的沟通方式和人际关系处理能力。

在工作中，林晓不再只关注个人利益，而是更加注重团队协作。

叁　取势

　　她主动与同事分享自己的创意和经验，积极参与团队讨论，为项目的成功出谋划策。当同事遇到困难时，她也会伸出援手，给予帮助。通过这些努力，林晓在公司的形象逐渐发生了改变，同事们对她的认可度越来越高，领导也开始注意到她的能力和努力。

　　随着个人层次的不断提升，林晓的思维方式也变得更加灵活。在一次重要的广告策划项目中，她凭借着自己丰富的知识储备和独特的视角，提出了一个极具创意的方案，赢得了客户的高度赞赏，为公司带来了巨大的商业价值。这次成功，不仅让林晓获得了丰厚的奖金和晋升机会，更让她感受到了提升自己所带来的成就感和满足感。

　　如今，林晓已经成为了公司的骨干，她深知，正是因为自己不再盲目追逐金钱，而是致力于个人提升，才让她的人生发生了如此巨大的转变。

　　金钱能满足我们的物质需求，为我们提供生活的保障。但倘若将追逐金钱视为人生的唯一目标，我们很容易在这个物欲横流的世界中迷失自我。过分关注金钱，会使我们的视野变得狭窄，心灵变得空虚。当我们为了赚钱而疲于奔命，却忽略了自身素养的提升、知识的积累和品德的修养，即便拥有了大量的财富，也难以获得真正的满足感和成就感。

　　相反，当我们致力于个人的提升时，所收获的将远远超出金钱的范畴。个人的提升涵盖了多个方面，包括知识水平的提高、思维方式的转变、品德修养的完善以及人际交往能力的增强等。

富在术数

1.提升知识水平能让我们拥有更广阔的视野：通过不断学习，我们可以了解到世界的多样性，探索不同领域的奥秘。从历史的长河中汲取智慧，在科学的海洋里遨游，在文学的世界中感悟人生。丰富的知识储备不仅能让我们在面对问题时更加从容自信，还能为我们创造更多的机会。例如，在科技创新领域，那些拥有深厚专业知识的人往往能够凭借自己的智慧和创造力，开发出具有巨大价值的产品或技术，从而在为社会做出贡献的同时，也获得相应的财富回报。

2.转变思维方式能让我们突破常规，以全新的视角看待问题：固化的思维模式常常会限制我们的发展，而灵活、创新的思维方式则能帮助我们发现别人难以察觉的机会；批判性思维，能够帮助我们对各种信息进行理性分析，不盲目跟从；创造性思维，能使我们在看似平凡的事物中挖掘出独特的价值。思维的提升，能使我们在竞争激烈的社会中脱颖而出，为实现人生价值提供了有力的支持。

3.完善品德修养则是个人提升的重要基石：诚信、善良、宽容、责任感等优秀品德，不仅能让我们赢得他人的尊重和信任，还能为我们营造良好的人际关系和社会环境。一个品德高尚的人，在面对利益冲突时，能够坚守道德底线，做出正确的选择。这种内在的品质魅力，会吸引更多的人与我们合作，为我们的事业发展提供助力。正如古人云："德不孤，必有邻。"良好的品德修养能让我们在人生道路上走得更加稳健、长远。

4.增强人际交往能力也是提升个人层次的关键：人是社会性动物，

我们的生活离不开与他人的交往。善于与人沟通、合作，能够理解他人的需求，建立良好的人际关系网络，这对于我们的个人发展而言至关重要。工作中，良好的团队协作能力能提高工作效率，促进项目的顺利推进；生活中，真挚的友谊和亲密的家庭关系能给予我们情感上的支持和慰藉。通过与不同的人交往，我们还能不断学习他人的优点，丰富自己的人生阅历。

让我们摒弃单纯追逐金钱的狭隘观念，将更多的时间和精力投入到个人的提升上。通过不断学习、反思和实践，提高自己的知识水平，并不断转变思维方式、完善品德修养、增强人际交往能力。当我们的综合能力得到提升，我们会发现，财富或许会作为成功的附属品自然而然地到来，但更重要的是，我们将拥有一个更加充实、有意义的人生。

富在术数

成大事的人，都懂得"借力"

在风云变幻的人生舞台上，那些铸就非凡成就和财富拥有者，无一不是深谙"借力"之道的智者。他们如同高明的航海家，巧妙地借助风向与洋流，驾驭着人生的航船，驶向梦想的彼岸。

诸葛亮便是这样一位借力的高手。三国时期，周瑜要求诸葛亮十天之内，打造十万支箭。诸葛亮毫不犹豫地应下了这看似不可能完成的任务。当时，即便资金、材料充足，时间上也根本来不及。怎么办？办法总比困难多，于是诸葛亮就想了一个妙计。

在一个大雾弥漫的清晨，诸葛亮派出数十艘船，在船上扎满稻草人。行至河中，他命人在船上擂鼓呐喊，佯装进攻曹营。因江上雾大，曹操以为蜀军攻打过来，便下令弓箭手万箭齐发。箭如雨点般纷纷射向船身的稻草人。不到一个时辰，诸葛亮就带着曹操"赠送"的十万多支箭满载而归，这便是历史上赫赫有名的"草船借箭"典故。

古今中外，关于"借力"的典故更是层出不穷。

不列颠图书馆举世闻名，馆藏极为丰富。一次，图书馆要从旧馆迁至新馆，一算搬迁费用竟高达数百万元。这时有人给馆长出了个主意，结果仅花费几千元就顺利解决了问题。

图书馆在报纸上刊登广告：即日起，每位市民可免费从不列颠图书馆借阅10本书。消息一出，市民们蜂拥而至，没几天，馆内藏书就被借空。书借出去了，怎么归还呢？图书馆此时再发一则公告，告知市民们，统一将书还到新馆即可。就这样，图书馆巧妙借助民众的力量完成了搬迁。

从这两个事例中，便能深切感受到"借力"的神奇魅力。所以说，一个"借"字，蕴含无限可能，大有可为。

于个人成长而言，借力更是突破局限的利器。学生时代，向老师、同学请教，借他人的知识，填补自身空白，从而提升学业成绩；步入职场后，借鉴前辈经验，通过团队协作，借同事的智慧与力量，攻克工作难题，推动项目进展；自主创业，与合伙人携手，借人脉资源拓展业务，借专业技能优化产品，借资金扶持壮大企业……

归结起来，成大事者的借力之道，首要在于精准识别可借之力。无论是人脉、资源、技术，还是形势、时机、潮流，敏锐洞察其中蕴藏的潜力，如同猎手捕捉猎物般精准锁定目标。其二是建立良好的连接，以诚信、互利、尊重为基石，与借力对象搭建稳固桥梁，确保力量顺畅传导，而非稍纵即逝。最后是巧妙融合运用，将借来的各方之力内化于心、外化于行，根据自身目标进行优化重组，使其发挥出 1+1>2 的叠加效应。

在这纷繁复杂的世界里，没有人能仅凭一己之力纵横驰骋。懂得借力，是一种生存智慧，更是一种通往财富大门的战略抉择。那究竟该怎么借力呢？可以从以下三方面着手：

1. 精准识别可借之力，洞察人脉、资源等潜力：要练就一双慧眼，穿透表象，深度挖掘潜在的助力宝藏。人脉资源恰似一张无形却强大的网，散布在生活的各个角落。行业研讨会、学术交流活动，或是高端社交聚会，皆是结识各路精英的绝佳契机。在这些场合，与不同背景、不同专长的人交流互动，从中敏锐捕捉那些能够与自身目标契合的人脉节点。比如，一位初涉人工智能领域的创业者，在科技峰会上结识了资深算法专家、风投大咖以及拥有大量行业数据的企业高管，这些人脉背后蕴含的技术指导、资金注入与数据支持，便是可借之力。同时，不可忽视物质资源的挖掘，闲置的厂房、先进的设备、未被充分利用的专利技术等，都可以通过细致调研、广泛涉猎，精准定位并评估其对自身发展的价值，让一切沉睡的资源在你的蓝图中苏醒，成为助力你腾飞的羽翼。

2. 建立良好连接，以诚信等优良品质为基石搭建稳固的桥梁：当识别出可借之力后，建立坚实可靠的连接纽带是重中之重。诚信无疑是这根纽带的核心材质，言行一致、信守诺言，方能赢得他人的信任与尊重。在商业合作中，务必对项目细节、预期收益、潜在风险坦诚相告，不夸大其词也不隐瞒欺骗，让合作伙伴感受到你的真诚。互利共赢则是让桥梁稳固长存的黏合剂，通过换位思考，充分了解对方需求，力求在合作中保障双方的利益。例如，与供应商合作，不仅按时结清货款，还可根据市场动态为其提供产品需求预测，帮助其优化生产计划。如此，供应商也会更乐意在价格、交货期等方面给予优惠与便利。尊重包容同样不可或缺，尊重他人的观点、文化背景与工作方式，即便存在分歧，也以包容之心寻求共识，营造和谐融洽的合作氛围，才会使借力之路畅行无阻。

3. 内化外力并优化各方优势，发挥叠加效应：借来的力量并非机械叠加，而是要经过智慧的雕琢，实现精妙融合。将从外部学来的知识、经验，获取的信息进行系统梳理，融入自身知识体系，成为解决问题的灵感源泉。比如，吸取营销专家的建议，结合自身产品特点，创造性地制定出别具一格的推广策略。对于资源的运用，要依据目标任务进行优化重组。例如，一家小型服装加工厂，借到先进的自动化裁剪设备后，重新规划生产流程，将人力与设备的优势互补，大幅提升生产效率与产品质量。在团队协作场景下，让不同成员的技能与借来的外力协同发力。例如，软件开发项目中，程序员借助外部技术框架，与设计、测试人员紧密配合，攻克技术难题，打造出用户满意的产品，让合力释放出远超个体之和的能量。

打破社交局限，拓宽信息视野

信息，在各个领域都扮演着举足轻重的角色。于战场而言，掌握战场自然状况、敌人行军布阵等信息，就能合理布局，增强战斗力，赢得胜利的先机；在政治舞台上，精准把握民意，就能赢得民众支持，进而引领社会走向；而在商业领域，信息更是宝贵的财富源泉，掌握更多商业信息的人，更能够抓住商机，占据有利地位，收获丰厚的利润。

在当今社会，信息成为了推动个人发展与获取财富的关键要素。不同的人在信息获取与利用上存在显著差异，这在很大程度上影响了个人的财富积累。

在投资领域，大部分投资者单纯依赖专家分析、新闻资讯或炒股软件来炒股，却对股票涨跌背后的根本原因知之甚少，更多的是凭运气在投资。与之形成鲜明对比的是"股神"巴菲特。在他的办公桌上，每天摆满了来自众多公司的运营分析与资产数据。他对股市动向的精准把握，正是基于对这些海量信息的深入了解与分析。由此可见，全面且有价值的信息对投资决策至关重要。

现代社会，信息获取途径多样，但建立高价值的人脉关系，仍是获取最新、最具价值信息的关键。人脉如同一张无形的网，连接着不同领域、不同层次的资源与信息。通过与优秀的人交往，我们能够接触到多元的观点、前沿的理念以及潜在的机遇。

在繁华的都市中，有一位叫许明的年轻人，他从事着普通的销售工作。他一直渴望在事业上有所突破，却始终不得其法。

许明性格内向，加上经济并不宽裕，所以很少参与社交活动。在公司组织的团建活动中，他总是能躲就躲，觉得参加活动不仅要花钱，还得应付复杂的人际关系，实在是一种负担。而且，面对公司里那些业绩突出、人脉广泛的同事，许明心里总有一种自惭形秽的感觉，觉得自己和他们差距太大，没有共同话题。

一次偶然的机会，许明得知行业内将举办一场大型的研讨会，参会的大多是业内的资深人士和企业高管。一开始，许明有些犹豫，担心自己无法融入这样的场合，但想到这或许是一个难得的机遇，他还是鼓起勇气报了名。

在研讨会上，许明紧张又兴奋。他主动与身边的人交流，结识了一位经验丰富的前辈老张。老张从事销售行业多年，在业内人脉广泛。许明向老张请教销售技巧和行业趋势，老张耐心地给予解答，并分享了许多宝贵的经验。

此后，许明和老张保持着联系，通过老张，许明又结识了不少行业内的精英。在这个过程中，许明不仅学到了很多实用的知识和技巧，还获得了一个重要的信息：一家大型企业正在寻求新的供应商，而许明所在公司的产品恰好符合对方的需求。

许明抓住这个机会，在公司的支持下，成功与这家大型企业达成

富在术数

合作。这次合作不仅让许明的业绩大幅提升，还为他赢得了更多的晋升机会。

回顾这段经历，许明感慨万分。曾经因经济压力和不自信而逃避社交的他，如今通过主动结交他人，收获了巨大的成长，让他明白了，只要克服社交障碍，积极拓展人脉，就能获取更多信息，为自己的人生打开新的局面。

现实生活中，一些人对社交活动存在恐惧和回避，这种态度主要源于两个方面因素。其一是经济因素带来的压力。在社交活动中，无论是朋友聚会、人情往来，往往都伴随着一定的花费。例如，拜访他人需携带礼物，外出就餐需分担费用等。对于经济不宽裕的人来说，这些支出可能成为负担，从而导致他们对社交产生抵触情绪。其二，心理层面的不自信。人们通常倾向于与背景、条件相近的人交往，因为相似的经历与处境更容易产生共鸣与理解。当面对与自身条件差距较大的人时，一些人可能会因为觉得自身不足，而在交往中感到不自在，从而限制了自己的社交圈子。

但我们要明白，这种社交局限会阻碍个人的发展。因为局限于自身的小圈子，意味着错失了与更多优秀人士交流的机会，进而无法获取丰富的信息资源，也难以接触到更广阔的发展平台。

要改变这种状况，我们需勇敢地迈出第一步，积极克服社交障碍。不必因经济压力而对社交望而却步，可以选择一些低成本却富有意义的社交活动，如参加公益活动、行业研讨会等，在这些活动中结识志同道合的朋友。同时，要努力克服心理上的不自信，认识到每个人都有独特的价值与闪光点，都能在交流中相互学习、共同进步。

"好风凭借力，送我上青云"，主动与优秀的人建立联系，大胆地融入更广阔的社交圈子，就像帆船借助风力破浪前行一样。只有借助优秀的人脉力量，才能获取更多信息，拓宽视野，为自己的财富积累创造更多可能。

富在术数

懂得分享，才能互惠互利

在生活的广袤天地里，我们如同行者，怀揣着各自的梦想与目标前行，而"分享"恰似一条隐秘却熠熠生辉的丝线，串联起人与人之间的机遇与成长，编织出一幅幅绚丽多彩的共赢画卷。与之相反，"吃独食"则如同一堵冰冷的高墙，看似守护了眼前的利益，实则将更多的财富拒之门外。

回溯历史，大名鼎鼎的丝绸之路就是通过分享实现共同繁荣的有力例证。

西汉时期，张骞出使西域，开辟了连接东西方的贸易通道。中国的丝绸、茶叶、瓷器等精美特产，带着东方古国的神秘与魅力，经由这个通道源源不断地向西输送；而西域的香料、珠宝、良马等稀罕物，同样通过这条路涌入中原大地。各国的商人、使者穿梭其中，分享和交换彼此的资源和货物。这种跨地域的物资分享，不仅丰富了沿线百姓的生活，让人们得以领略千里之外的别样风情，更促进了不同文化的交流融合，催生出无数新的艺术、科技与思想火花。从精美的波斯地毯工艺传入中国，到中国的造纸术西传改变西方书写历史，各国在分享中相互滋养，共同推动人类文明大步向前，缔造出沿线无数城市的辉煌昌盛。

胡雪岩曾说过："想要干大事，就必须懂得跟别人分享，而不是一味地往自己怀里捞。"如果你渴望财富，但总是无法实现，那么试着改变你的思维方式，尝试将有价值的信息分享给他人。

在互联网行业蓬勃兴起之初，有两家小型的初创科技公司都专注于开发办公软件。A公司的团队技术实力强劲，率先研发出一款具有基础文档处理功能的软件，但功能相对单一，用户增长缓慢；B公司虽然起步稍晚，可在用户体验设计方面独具匠心，他们打造的软件界面友好、操作便捷，然而技术瓶颈使得软件稳定性欠佳。

起初，两家公司如同大多数竞争对手一样，各自为政，试图凭借自身力量突破困境、独占市场，结果都陷入发展的瓶颈，用户流失严重。痛定思痛后，两家公司的负责人决定摒弃前嫌，开启合作分享：A公司将核心技术代码开源，与B公司共享，助其优化软件性能；B公司则倾囊相授用户体验设计的精髓，帮助A公司重新打造软件界面。双方还携手整合资源，共同推广联合品牌。

这一举措，如同化学反应，瞬间点燃发展的燎原之火。融合后的办公软件集强大功能与优质体验于一身，迅速吸引大量企业和个人用户，市场份额直线飙升。两家原本挣扎在生存边缘的小公司，不仅借此站稳脚跟，还在后续发展中持续合作，拓展业务版图，成长为行业内不可忽视的力量。

A、B两家公司用实践证明，拒绝吃独食，分享资源、优势互补，方能在激烈竞争中闯出一片广阔天地，实现1+1>2的奇迹。反观那些喜欢"吃独食"的人，他们为了在竞争中脱颖而出，将重要的项目信息和关键的人脉资源据为己有，不愿与他人协作分享。短期来看，或许能凭借一时优势获得些许关注，但长此以往，身边的人脉便会纷纷疏离，合作机会锐减，个人或企业的成长受限；一旦遇到棘手难题，身边无人施以援手，只能独自在黑暗中摸索，错失很多发展的良机。

著名的创业导师、投资人彼得·蒂尔曾说过："为了成功，首先要引导别人成功。"想要自己获利，先要让别人有得赚；想要自己成事，先要让别人有所成。通过与他人合作和分享，互利互惠，我们可以发现更多的机会和资源，促进自身的成长和成功，从而积累更多的财富。

依靠团队的力量，实现财富裂变

古语有云："单丝不成线，独木不成林。"个人的时间和精力都是有限的，因此，单靠个人的时间和努力来赚钱，终究会受到一些限制，所以要善于利用团队力量。

李嘉诚曾经坦言："企业的成功需要依托团队的力量，团队的主心骨必须是那些优秀的人才，只要你拥有一支高效的团队，那么你成功的概率将提高80%。"

日本知名企业家盛田昭夫，这位缔造了"索尼"传奇的人物，也曾说："优秀企业的成功，既不是靠什么理论，也不是靠什么计划，更不是靠政府的政策，而是靠人。"也掷地有声地提出：人和是第一生产力。

"人心齐，泰山移"，只有当一个团队做到思想上合心、工作上合力、行动上合拍时，这个团队才具有无穷的创造力、强大的战斗力和高效的执行力，才能实现财富的不断积累与增值。

作为"索尼"的创始人，盛田昭夫给人的第一印象是"年迈、寡言"，岁月在他身上留下了痕迹。可一旦开启交流，他便如同一座蕴藏无尽能量的宝藏，瞬间打破刻板印象。他满头银丝却精神矍铄，双目闪烁着智慧光芒，鼻梁上那副金丝眼镜更添儒雅气质，与传统日本企业家形象大相径庭。他的不凡之处不止于外表，身为掌控索尼公司大

富在术数

量股权的大股东，他敢于突破常规，甚至做出令外界惊叹之举，同时，凭借卓越成就与人格魅力，他也得到了包括天皇和首相在内的众多人们的敬重。

步入晚年后，面对年轻记者的采访，盛田昭夫语重心长地吐露心声："人和是第一生产力。"

走进他的办公室，一台电子计算机格外引人注目，这里存储着堪称庞大的人脉资料库，从国籍、职业、地位等基本公开资料，到私人生活细节如住处、出生年月、家族成员，乃至个人爱好（如游泳偏好）等，涵盖约30多个类目，详尽记录着他与每个人的交集。每当需要联络某位朋友时，这些资料便能精准唤起他的记忆，让重逢瞬间找回往昔的默契，轻松开启交流的话题。

盛田昭夫的成功之路，处处闪耀着朋友助力的光芒，而他亦深谙交友之道，绝非一味索取。1972年5月，一则别具匠心的广告刊载于美国新闻杂志，宛如一座桥梁，连接起索尼与世界。广告主标题醒目发问："你持有适合日本市场的商品吗？"副标题则诚意满满："索尼帮助向日本输出。"这则广告吸引了三千多封咨询信函，新朋旧友纷纷热情响应。为筛选有潜力的进口商品引入日本，盛田昭夫果断创立索尼贸易公司，其经营范围十分广泛，小到苏格兰威士忌，大到喷气式飞机，全方位覆盖。借由广告的宣传与进口公司的经营，索尼在欧美成功搭建起坚实的经营伙伴网络，赢得广泛好感与无私援手。面对外界赞誉，盛田昭夫谦逊回应："索尼能有今日的辉煌，承蒙世界各国厚爱索尼产品。在美国和欧洲朋友的鼎力相助下茁壮成长。朋友求助，义不容辞，广告合作、企业合办，皆为回报恩情，力求双赢。"

20世纪70年代，国际经济局势风云变幻，日本与西方六国贸易逆差不断扩大，欧美制造商纷纷将工厂迁至劳动力廉价的东南亚与中南美。盛田昭夫却逆向而行，将索尼部分工厂布局到欧美。这一决策不仅助力索尼拓展国际版图，更赢得了工厂所在国赞誉。英国布里金德工厂30%的产量经盛田昭夫之手畅销欧洲共同体诸国，为英国经济注入活力。为此，1975年11月，英国女王特授予该厂日本厂长OBE——大英帝国功勋奖章；1982年8月，英国皇家学院因盛田昭夫"在技术和工业发展方面作出的卓越贡献"，将年度阿尔伯特勋章授予他，这一殊荣每年仅授予一位完成世界伟业之人，盛田昭夫是首位获此殊荣的日本人。同期，他的形象三次荣登美国《时代》周刊封面，这份殊荣超越众多日本政要，成为日本在国际舞台的闪耀名片。

孟子曾将"天时、地利、人和"列为战争制胜三要素，财富拥有者深谙此道，懂得以积极情绪、暖心话语、得体举止与善意态度，感染他人、吸引伙伴、帮扶同行，营造和睦融洽的人际关系。

美国俄克拉荷马州恩尼德市的江士顿是某工程公司安全协调员，肩负监督员工佩戴安全帽重任。起初，他刻板执行规定，官腔十足责令违规员工改正，虽员工表面服从，内心却抵触不满，常趁他离开后便摘除安全帽。

后来，他转变策略，发现未戴安全帽员工时，关切询问佩戴是否感到不适，再用温和口吻强调安全帽防护意义，建议依规佩戴。从那以后，遵守规定的员工越来越多，抵触情绪烟消云散。

在一个团队中，多数任务需协同合作才能达成。如果内部人员之间相互拆台、暗中使绊、明处添乱，财富积累便遥不可及。"人心齐，泰山移"，只有当一个团队做到思想上合心、工作上合力、行动上合拍时，这个团队才具有无穷的创造力、强大的战斗力和高效的执行力，才能实现财富的不断积累与增值。

营造好口碑，不愁没钱赚

在商业世界里，口碑被视为一种无价的资产。良好的口碑能为企业带来长期的盈利和可持续的发展，而不良的口碑则可能导致企业的衰落，甚至是倒闭。

以老字号"瑞蚨祥"为例，其凭借精湛的绸缎制作工艺、诚信的经营理念，百余年来为顾客提供高品质商品，经顾客口口相传，无论是达官显贵还是平民百姓，都对它赞誉有加，纷纷慕名而来。

反观一些不良商家，为追求短期利益以次充好、虚假宣传，虽一时获利，却迅速丧失顾客信任，生意难以为继。在信息传播飞速的当下，口碑的力量被无限放大。企业如果能始终坚守品质、用心服务，积累下良好口碑，顾客自会纷至沓来，财源也将滚滚不断，不愁没钱赚。

世界上第一个推行"不满意可以退货"的百货公司叫希尔斯·罗巴克百货公司，这一政策不仅开创了零售服务业的新纪元，更深刻地体现了其对顾客无微不至的关怀与前所未有的信任。这一革命性的措施，是由一位名叫米利叶斯·罗森沃尔德的美国犹太商人提出的。罗森沃尔德深知，在激烈的市场竞争环境中，企业的生存与发展离不开消费者的信任与支持。因此，他决定打破常规，推出这一看似冒险实则充满智慧的策略。

富在术数

"不满意可以退货"的承诺，不仅仅是一项服务条款，更是希尔斯·罗巴克对商品质量自信的体现，以及对顾客权益的尊重。这一举措迅速赢得了广大顾客的青睐，使得希尔斯·罗巴克百货公司的声誉如日中天，口碑极佳，成为了消费者心中的首选之地。良好的口碑如同无形的广告，不仅吸引了源源不断的客流，更促进了商品的销售，为公司带来了丰厚的利润。罗森沃尔德以区区37500美元的投资，成功跻身公司董事会，并在30年的时间内，将这笔本金奇迹般地增值到了1.54亿美元，书写了一段商业传奇。

这个故事深刻地揭示了口碑对于企业成功的重要性。同样，对于个人而言，良好的口碑也是通往成功不可或缺的钥匙。在人生的旅途中，我们每个人的价值不仅体现在物质财富上，更在于他人对我们的评价与认可。正如一句老话所说："金杯银杯不如老百姓的口碑。"一个人的名声，是其品德、能力和成就的综合体现，是社交场上的通行证，也是衡量个人价值的重要标尺。众口一词的赞誉，能够为你开启无数机遇的大门，让你在人生的舞台上更加游刃有余。

然而，值得注意的是，金钱与名誉之间并非总是和谐共生的。在某些情况下，金钱反而可能成为名誉的试金石，甚至腐蚀剂。历史与现实中不乏这样的例子：一些人在积累财富的过程中，逐渐迷失了自我，放弃了道德底线，最终虽然获得了短期的物质满足，却失去了更为宝贵的人格尊严和社会尊重。但长远来看，缺乏道德支撑的成功如同沙滩上的城堡，经不起时间的考验。因此，如何在金钱与名誉之间找到平衡点，是每个人都需要深思的问题。

谈及德行修养，《论语·卫灵公篇》中的"己所不欲，勿施于人"，便是一条简单却深刻的道德准则。这句话教导我们，在处理人际关系时，应设身处地为他人着想，以同理心为基石，遵循公平、尊重的原则。如果我们不希望被欺骗、被忽视或受到不公正的对待，那么我们就应该避免对别人做出同样的事情。这种推己及人的思维方式，是促进社会和谐、增进人际信任的重要基石。

在现代社会，这一原则同样适用。无论是职场上的合作，还是日常生活中的交往，我们都应时刻提醒自己保持一颗善良、宽容的心，学会换位思考，理解他人的立场与感受。这样做不仅能减少误解与冲突，还能增进彼此之间的理解和友谊，为自己营造一个更加和谐的人际环境。

| 富在术数 |

与努力赚钱的人并肩同行

财富不会选择懒惰的人。如果你与懒惰的人在一起，无疑会与财富失之交臂。因为人很难被教育，但容易被影响。如果身边的人浑浑噩噩，你也会无所事事地混日子。倘若身边的人勤奋上进，你也会受其影响，发奋图强。与努力赚钱的人在一起，你的进取心也会更强，他们对生活和事业的热情，会在潜移默化中感染你、激励你，促使你摆脱懒惰，战胜挫折。想要积累更多的财富，主动结识比自己更为优秀的朋友是一条必经之路。

与努力赚钱的人同行，如同置身于一个充满激励的高能磁场，他们身上散发的进取光芒，会时刻鞭策着你奋发向上，不甘落后。优秀之人所构筑的社交圈，无异于一个更高更广的平台，站在上面，你能够借力登高，一步一个脚印地向着事业的顶峰奋勇攀爬。更为关键的是，迈出主动结交成功者的这一步，或许并没有想象中那么艰难。只要心怀热忱、真诚待人，机遇之门便会悄然为你敞开。

汽车销售界的传奇人物乔·吉拉德，以其在15年内售出13万辆汽车的惊人业绩，被载入《吉尼斯世界大全》。他的成功并非偶然，而是源于一套独特的营销策略，其核心在于广结客户与精心维护关系。

乔·吉拉德有一条"250定律"，即每位顾客背后都隐藏着大约250个与之关系密切的人。这意味着，赢得一位顾客的青睐，实际上是在为未来的 250 个潜在客户播下好感的种子；反之，得罪一位顾客，则可能引发连锁反应，导致失去一个庞大的潜在客户群。因此，他始终秉持"不得罪任何一位顾客"的原则，确保每一次交易都能给客户留下积极的印象。

对于已经建立联系的客户，乔·吉拉德采取了持续关怀的策略。他每年向每位客户寄送约十二张明信片，每张都设计得别具一格，且避免提及销售，而是表达节日祝福、生活关怀等。这种看似微不足道的举动，却在客户心中留下了深刻而美好的记忆。当客户考虑购车时，乔·吉拉德的名字往往会第一个跃入脑海。

为了拓宽客户基础，乔·吉拉德还巧妙地运用了连锁介绍法。他鼓励任何人介绍客户给他，一旦成交，便给予介绍人 25 美元的奖励。这一策略不仅吸引了大量介绍人，还因乔·吉拉德对诚信的坚守而更加有效。他确保及时支付介绍费，即使遇到客户忘记提及介绍人的情况，也会主动寻找并支付。这种诚信行为赢得了介绍人的信任，也为他带来了更多的潜在客户。

乔·吉拉德的 250 定律不仅揭示了善待每一位客户的重要性，还启示我们：与人相识并不困难，关键在于用心经营关系。

在人生这趟充满挑战与机遇的旅程中，自我雕琢、自我提升固然是我们奋进的基石，但绝不能忽视人脉网络所蕴含的磅礴力量。与努力赚钱的人并肩同行，便是开启财富大门的一把金钥匙。

当我们主动与那些行业翘楚、领域先锋靠近，就如同将自己置身于一个永不枯竭的智慧源泉边,每一次交流、每一次思维碰撞,都可能成为点燃我们创造力的火花。他们的卓越见解、果敢决策以及坚韧不拔的精神品质,如同一股股强劲的东风,助力我们扬起理想的风帆,冲破前行的重重阻碍。

选择同行者绝非小事,它对我们的成长轨迹和成就高度有着深远的影响。优秀的朋友宛如一本本鲜活的励志书籍,他们用自身的行动诠释着奋斗的真谛,激发着我们潜藏的无限潜能,让我们在面对困难时不再畏缩,在追逐财富的道路上勇往直前。

感激"对手",在竞争中成长

"对手",这个看似与我们针锋相对、争夺资源与机会的角色,实则是我们追逐财富的道路上不可或缺的"催化剂"。他们以竞争者的姿态出现,激发我们内心深处的斗志,迫使我们突破舒适区,挖掘自身从未察觉的潜能。商业领域中,这样的例子更是不胜枚举。

可口可乐与百事可乐这对全球饮料行业的巨头,百年来一直处于激烈的竞争状态。从产品口味的创新到广告营销策略的比拼,双方你来我往,互不相让。可口可乐凭借经典的配方和深入人心的品牌形象,率先打开市场,占据了大量的市场份额;而百事可乐也不甘示弱,它精准定位年轻消费群体,以时尚、潮流的广告风格,以及不断推陈出新的口味,向可口可乐发起一轮又一轮的挑战。在这场旷日持久的竞争中,双方并没有因为对方的强劲而试图打压、排挤,而是将对手视为前行的动力源泉。

可口可乐在面对百事可乐的冲击时,没有故步自封,反而加大研发投入,不断优化产品包装,拓展销售渠道,进一步巩固客户的品牌忠诚度;百事可乐也借着与可口可乐竞争的东风,持续提升产品品质,扩大品牌影响力,逐步在市场上站稳脚跟,与可口可乐分庭抗礼。正是因为有了彼此,它们才能在饮料市场这片红海之中,始终保持旺盛的生命力,不断推陈出新,满足消费者日益多样化的需求,携手将饮料市场的蛋糕越做越大，实现了双赢的局面。

由此不难看出，"对手"绝非我们追逐财富道路上的阻碍，反而是极为难得的助力。事实上，对手的消失对自身而言，也可能是一种巨大损失。原因在于，一旦对手不复存在，我们往往会就此停步不前。因此，我们实在无须将对手视作洪水猛兽般可怕。毕竟，朋友固然重要，但有力的竞争对手更会以一种"无私"且"不计回报"的方式，推动你不断进步。

纵观那些功成名就之人，无一不是在与对手的激烈碰撞中，于持续的交锋里实现突破。他们在前行的每一步，都深深地烙下了属于自己的独特印记。正是对手的存在，激励着我们不断奋进，让自己变得愈发优秀与强大，从而激发出自身无限的潜能。诚如那句名言所说："成功需要朋友，非凡的成功则需要对手。"若想收获卓越的成就，就必须拥有强劲的对手。从某种程度上讲，对手越是强大，便意味着我们所能取得的成就越高。

所以，我们应当心怀感恩，感谢我们的对手。因为他们就像我们成长与成功道路上的助推器，强大的对手能够点燃我们内心旺盛的斗志，促使我们勇往直前，排除万难，去战胜一切艰难险阻，从而获得更多的财富。

肆 谋定

　　每一步决策都如同在复杂棋局中落子，牵一发而动全身。切不可逞能行事，被盲目自信冲昏头脑。有些人稍有斩获便急于求成，不顾自身实力与市场规律，贸然投入，肆意扩张。这种逞能之举，往往如同在薄冰上狂奔，看似勇猛，实则危机四伏。一旦市场风向突变，或是遭遇不可预见的困境，便会如大厦倾塌，满盘皆输，多年努力付诸东流。

七分靠谋划，三分靠魄力

在风云变幻的商业江湖中，每一次成功的闯荡都犹如一场精心布局的棋局，七分靠谋划，三分靠魄力。谋划，是于暗流涌动之下，洞察局势、精心筹备；魄力，则是在关键时刻，果敢出击、顺势而为。二者相辅相成，方能在激烈的竞争中突出重围，铸就辉煌。

回首商业史上那些熠熠生辉的传奇，无不是在谋划与魄力间找到了完美平衡。克里蒙·斯通的故事便是一个例子。

出身平凡的斯通是世界保险业巨子、美国巨富之一。20岁时，他与家人迁至芝加哥，开启了自己的保险创业之路。当时，公司仅他一人，可他却怀揣着宏伟梦想，立志要将公司办得名扬四方。

开业首日，斯通凭借前期对市场的调研以及对客户心理的揣摩，成功销出54份保险，初战告捷，这无疑是对他前期谋划的有力肯定。此后，他并未盲目扩张，而是沉下心来，花费4年的时间进行自我训练与策励，深入研究不同地区的保险需求、客户偏好以及市场竞争态势，精心规划每一步拓展策略。在这个过程中，他不断打磨自己的专业技能，优化销售话术，用心搭建销售网络，逐步在保险领域站稳脚跟，曾创造出一日售出122份保险的佳绩。随着他的事业蒸蒸日上，客户忠诚度也与日俱增，佣金如潺潺溪流，源源不断地涌来。

36岁的斯通已然积累了百万财富。此时，他敏锐地捕捉到新的商

肆　谋定

机：宾夕法尼亚州伤损公司因经济恐慌停业待售。尽管斯通手头现金并不充裕，但他看中了该公司的巨大潜力——拥有35个州的营业执照，这意味着广阔的市场空间。斯通没有被资金难题吓倒，经过深思熟虑，一个大胆而巧妙的计划在他心中成形。

第二天，斯通奔赴巴尔的摩，直面伤损公司的拥有者——商业信托公司。当对方质疑他的购买资金时，斯通镇定自若地抛出方案：向他们借款收购。这一决策看似冒险，实则是基于他对商业信托公司利益诉求的精准把握，以及对自身未来还款能力的十足信心。经过多轮交流与谈判，商业信托公司被他的诚意与规划所打动，同意借出巨款助他完成收购。

至此，斯通凭借这一关键决策，为日后庞大的商业帝国筑牢了根基，曾经的小保险公司逐步蜕变，成长为如今业务横跨国内外的美国联合保险公司巨头。

斯通的商业版图不止于保险。一次，一位名为利莫那·拉文的年轻人向斯通借款，准备开办一家化妆品公司。斯通与之深入交谈后，很看好这个项目的潜力。不过，他并非单纯地施以援手，而是以替拉文担保、偿还45万元的银行贷款为条件，换取新公司1/4的股份。这一举措既展现出他帮扶新人的胸怀，更凸显其作为商业大亨的谋略——在助力他人梦想起航的同时，也为自己开辟了新的财富航道。

14年后，当初那毫不起眼、看似微不足道的股份，竟如同被施了魔法，价值一路飙升至3000万元，如此巨大变化令人惊叹。

富在术数

斯通在回顾自己的创业历程时感慨万千。他深知，想要成就非凡事业，一方面，必须有洞察秋毫、未雨绸缪的谋划能力。从市场调研、竞品分析，到自身优势挖掘、风险预判，每一个环节都至关重要，不容小觑。另一方面，在机遇闪现之际，要有当机立断、勇往直前的魄力，绝不能让犹豫和迟疑贻误获取财富的时机。那些诸如"明天""下个礼拜""以后""将来某个时候"的推脱之词，往往是理想折翼的开端，只有怀揣"我现在就去做，马上开始"的决心，才能在商海破浪前行。

在追逐财富的道路上，无论身处哪个行业，我们都应以七分的谋划，去沉淀实力、规避风险；以三分的魄力，在关键时刻破局突围、一飞冲天。唯其如此，方能在时代的浪潮中，稳固并扩大自己的商业版图。

目标要长远，凡事多想几步

很多人经常会将那些无力或不愿改变的现状归咎于命运，而不去反思自身的原因，这种精神上的贫穷，往往比物质上的匮乏更加难以弥补。

哈佛大学曾展开过一项非常著名的关于志向对人生影响的跟踪调查，调查的对象是一群智力、学历、环境等条件都差不多的大学毕业生。调查结果显示，其中27%的人没有目标志向，60%的人目标志向模糊，10%的人有清晰但比较短期的目标志向，3%的人有清晰而长远的目标志向。25年后，研究人员再次对这群学生进行了跟踪调查，结果是：有清晰而长远目标的那3%的人几乎都成为社会各界的成功人士；有清晰但短期目标的那10%的人短期目标不断得到实现，成为各个领域中的专业人士，生活在社会的中上层；目标志向不甚清晰的那60%的人，安稳地生活和工作，几乎都生活在社会的中下层；剩下的那27%没有目标志向的人，生活过得都很不如意，并且常常抱怨这个"不肯给他们机会"的世界。

生活中，多数人会把"获取财富"停留在"想"的阶段，却将一切不如意归咎于"不肯给他们机会"；而少数人却会制造机会，为获取财富创造生命的"如意罗盘"。如何把遐想转化为梦想，进而转化为付诸行动的决心，恰恰是少数人能成功制造机会的重要原因之一。那些

富在术数

真正拥有财富的人占比虽少，但都有一个突出的特征：拥有改变命运的决心。

在面对生活的困境时，有些人会选择将"命运"当作逃避现实的借口，将那些无力或不愿努力去改变的现状归咎于命运，仿佛这样一来，一切就都变得理所当然，自己也无需再费力去改变了。然而，真正的勇者，比如史泰龙，会坚信命运掌握在自己手中。他们不畏艰难，勇往直前，最终改写了自己的命运。

世界电影巨星史泰龙在成名之前，同样是一个深陷困境的青年，但他胸怀壮志，梦想成为万众瞩目的电影明星。

为了追梦，他遍访好莱坞500家电影制片公司，却屡遭拒绝。这500次的求职经历带给他500次的辛酸，但他并未因此消沉，始终坚信命运应由自己主宰。这500次的挫折，反而铸就了他坚韧不拔的意志。

随后，他创作出剧本《洛奇》，并再次带着它逐一拜访那些电影公司，然而，等待他的仍然是失败与心痛。但即便身处这无尽的失败与心痛中，他始终坚守信念：失败只是暂时的，成功终将到来，自己绝不轻易言败！

最终，他那累计高达一千次的失败纪录打动了一位曾多次拒绝他的导演。就这样，《洛奇》成功问世，成为好莱坞电影史上的经典之作，而史泰龙也成功改写了自己的命运。

史泰龙的成功，源于他坚信命运掌握在自己手中。他选定了自己热爱的志向，并全心全意地为之奋斗。这个曾经贫穷的小伙子的成功故事启示我们：若无梦想，便去创造；若有梦想，便去追寻。年轻，就是我们最大的资本，没有什么能够阻挡我们前进的脚步。

在这个世界上，没有人会心甘情愿忍受贫穷，但遗憾的是，许多经济拮据的人常常将困境归咎于天意，把财富视为命定之物，为自己的挫败与贫困找寻借口，仿佛这样就能为他们挽回一丝尊严。他们借"命运"的托词去蒙蔽周遭，说服自己，同时也误导了子孙后代。上一代人关于贫穷的论调，给下一代人植入了思维的误区，让他们误以为一切皆是命运的安排。于是，下一代人继续以消极的态度面对人生。如此一来，贫穷便像遗传病一般，一代又一代地延续下去。很多贫穷的人甘愿接受"命运论"，并长久地习惯于贫穷的状态。

有这样一个故事：

一位没有子嗣的富豪去世后，一位远亲继承了他的巨额遗产，这位远亲竟是个常年以乞讨为生的乞丐。乞丐一夜之间变成了百万富翁，在接受记者采访时，记者问他："继承遗产后，你首先想做什么？"他回答道："我想买一只更好的碗和一根更结实的棍子，这样我外出乞讨时就更加方便了。"

一位职业规划专家对此评论道：这看似一则玩笑，但其中蕴含的现实的意味却引人深思。在现实生活中，很多人的行为模式被局限在贫穷之中，雄心壮志逐渐被消磨殆尽，最终只剩下疲惫时的自我调侃，以及对成功不切实际的空想，他们从未真正考虑过改变。人生短暂，不容虚度，尤其当我们处于"一无所有"的境地时，更应懂得珍惜时间。无论身份高低，每个人都应当有自己的志向：大人物有大志向，小人物有小目标。志向的高低，决定着我们生活的质量；梦想的广度，决定着我们可能成就的事业高度。

当断要断，形势不好不要蛮干

面对复杂严峻的形势时，能否做到当机立断，是决定成败的关键因素。犹豫不决、盲目蛮干，往往使人错失良机，陷入困境；而果敢抉择，顺势而为，则能开辟出一条通往财富大门的光明大道。

回溯历史，楚霸王项羽的经历是一个极具警示意义的例子。项羽力能扛鼎、英勇善战，在秦末农民起义的浪潮中迅速崛起。他带领楚军破釜沉舟，在巨鹿之战中以少胜多，大败秦军，威震天下。然而，在鸿门宴上，他却因优柔寡断，不听谋士范增的建议，放走了刘邦。这一决策失误，为日后的楚汉相争埋下了祸根。

此后，楚汉战争进入相持阶段，项羽虽在战场上多次取得胜利，但在战略布局上却逐渐陷入被动。面对刘邦的谋略与联盟，项羽未能及时调整战略，依然固执地凭借武力强攻。在垓下之战中，项羽被汉军重重包围，陷入绝境。此时，他本有机会渡江，凭借江东的人力物力卷土重来。但他却觉得无颜见江东父老，拒绝渡江，最终自刎乌江。项羽在关键时刻的犹豫不决，使得他错失了重振旗鼓的机会，空留千古遗憾。

将目光从历史的长河转向现代商业领域，企业家王强的故事生动地诠释了当断则断的重要性。

王强出生在一个经商之家，从小就对商业有着浓厚的兴趣。大学毕业后，他怀揣着创业的梦想投身电子产品制造行业。凭借着敏锐的市场洞察力和勇于拼搏的精神，他的公司在短短几年内便在行业中崭露头角，推出的几款电子产品深受消费者喜爱，市场份额不断扩大。

然而，随着市场的快速发展，行业竞争日益激烈，技术更新换代的速度也越来越快。在王强的公司发展的第十个年头，智能手机市场迎来爆发式增长，各大手机厂商纷纷加大研发投入，推出具有创新性的产品。与此同时，王强公司一直主打销售的传统电子产品，市场需求逐渐萎缩。面对这一严峻的形势，公司内部出现了两种截然不同的声音。一部分人认为，公司在传统电子产品领域已经积累了深厚的技术和客户基础，应该继续加大投入进行技术升级，试图在传统领域与竞争对手一决高下；另一部分人则认为，应该顺应市场趋势，果断转型，进入智能手机制造领域。

王强深知这一决策关乎公司的生死存亡。他没有盲目地听从任何一方的意见，而是带领团队展开了深入的市场调研和分析。经过数周的努力，他们发现智能手机市场虽然竞争激烈，但仍存在巨大的发展空间，尤其是在中低端市场，存在着一些尚未被满足的需求。而公司如果继续在传统电子产品领域盲目投入，不仅需要耗费大量资金用于技术研发，而且市场前景并不乐观。

经过深思熟虑，王强做出了一个大胆而果断的决策：公司全面转型，进入智能手机制造领域。这一决策遭到了公司内部许多人的反对，他们担心转型会带来巨大的风险，甚至可能导致公司破产。但王强坚信自己的判断，他向员工们详细阐述了公司转型的必要和可行性，并

肆 谋定

承诺会带领大家一起渡过这个难关。

为了实现转型，王强开始四处寻找投资，引进先进的技术和人才。他亲自前往各大手机零部件供应商处，与他们洽谈合作事宜。在研发过程中，王强和他的团队面临着无数的技术难题和挑战。但他们没有退缩，而是日夜奋战，不断尝试新的技术和方法。经过一年多的努力，公司终于推出了第一款智能手机。

然而，产品上市初期，销售情况并不理想。市场上的竞争对手早已占据了大量的市场份额，消费者对王强公司的智能手机品牌认知度较低。面对这一困境，王强没有选择继续盲目加大营销投入进行硬推。他再次深入开展市场调研，发现消费者对智能手机的拍照功能和电池续航能力非常关注。于是，他果断调整产品策略，加大了在这两个方面的研发投入，推出了一系列配备高像素摄像头和长续航电池的智能手机。同时，他还积极与各大电商平台合作，开展线上营销活动，提高品牌知名度。

经过几年的努力，王强的公司在智能手机市场上逐渐站稳了脚跟，市场份额不断扩大。如今，他的公司已经成为国内知名的智能手机制造企业，产品畅销国内外。回顾自己的创业历程，王强感慨地说："当断不断，反受其乱。在商业竞争中，我们会遇到各种各样的复杂形势。如果不能当机立断，做出正确的决策，而是盲目蛮干，那么公司必然会走向失败。只有敢于果断转型，顺应市场趋势，才能在激烈的竞争中立于不败之地。"

富在术数

　　王强的成功与项羽的失败形成了鲜明的对比。面对变化和挑战，项羽的犹豫不决使他的霸业崩塌；而王强的当机立断则助力他的公司实现转型升级，收获了更多的财富。可见，无论是在历史的舞台，还是在现代商业的战场，当断则断都是一种至关重要的品质。

　　在现实生活中，我们也会面临各种各样的抉择。无论是在职业发展、投资创业，还是日常生活中，都可能遇到形势不利的情况。此时，我们不能被困难和压力所吓倒，更不能盲目地坚持，一味蛮干。我们应该冷静分析，审时度势，当机立断。如果发现当前的道路行不通，就要勇敢地放弃，寻找新的方向。

　　当断则断，并不意味着冲动和鲁莽。它需要我们具备敏锐的洞察力，能够准确地把握形势的变化；要求我们具备坚定的信念，相信自己的判断；需要我们具备果断的决策能力，在关键时刻能够迅速做出决定。只有这样，我们才能在人生的道路上，面对各种挑战时，做出正确的选择，成就非凡的人生。

逆向思维，抓住稍纵即逝的机会

商海浮沉，那些能够引领行业变革、创造历史的企业家，往往具备一种非凡的思维方式——逆向思维。这种思维方式让他们能够在众人陷入惯性思维时保持敏锐的洞察，发现别人难以察觉的机会，走出一条与众不同的道路。

在众多国外成功的企业家中，特斯拉和 SpaceX 的创始人埃隆·马斯克便是这样一位善用逆向思维开拓局面的杰出代表。

马斯克的成功之路并非一帆风顺，而是充满了挑战与逆境。正是在这些困境中，马斯克展现出了他独特的逆向思维能力，一次次地颠覆传统，创造出令人瞩目的成就。

在特斯拉的成立初期，电动汽车市场几乎是一片空白，传统汽车制造商对电动汽车持怀疑态度，消费者也对这一新兴技术持观望态度。面对这样的市场环境，马斯克没有选择跟随行业主流，而是决定逆流而上，全力投入电动汽车的研发与生产。他坚信，随着环保意识的提高和科技的进步，电动汽车将成为未来的主流交通工具。

马斯克的逆向思维体现在他对电动汽车市场的深刻洞察和独特定位上。他意识到，要打破消费者对电动汽车的固有印象，就必须在性能、续航和外观设计上实现突破。特斯拉的电动汽车不仅拥有超长的续航里程和出色的加速性能，还凭借其独特的设计和科技感十足的内

富在术数

饰赢得了消费者的喜爱。这些创新举措，让特斯拉在电动汽车市场中崭露头角。

除了在汽车行业运用逆向思维，马斯克在太空探索领域也展现出了同样的思维模式。在 SpaceX 成立之前，太空探索几乎被政府和大型机构垄断，私人企业很难涉足这一领域。然而，马斯克却看到了太空探索的商业化潜力，决定成立 SpaceX，将太空旅行和卫星发射服务推向市场。

这一决定在当时看来无疑是疯狂的，因为太空探索需要巨额的资金投入和复杂的技术支持。然而，马斯克却凭借他的逆向思维，找到了降低太空探索成本的方法。他通过技术创新和重复使用火箭的技术，大大降低了发射成本，使得 SpaceX 能够成为首个成功将商业卫星送入太空的私人企业。

马斯克的逆向思维还体现在他对未来的预见和布局上。他意识到，随着科技的进步和全球化的加速，人类对于能源和交通的需求将不断增长。因此，他不仅在电动汽车和太空探索领域取得了显著成就，还在太阳能和超级高铁等前沿领域进行了布局。这些举措不仅为他的企业带来了更多的增长点，也为人类社会的可持续发展做出了贡献。

通过马斯克的成功案例，我们可以看到逆向思维在开拓局面中的巨大作用。逆向思维要求人们敢于挑战传统观念，从全新的角度审视问题和机遇。这种思维方式不仅能够帮助人们发现被忽视的机会，还能在困境中找到突破口，实现逆势上扬。

当然，逆向思维并非与生俱来的能力，它需要我们在日常生活中持续培养和锻炼，我们要保持开放的心态和敏锐的洞察力，时刻关注周围环境和市场的变化；要勇于尝试和创新，敢于突破自我和传统的束缚；还要善于学习和总结经验教训，不断提升自己的思维能力和认知水平。

对于那些渴望获得更多财富、追求卓越的人来说，掌握逆向思维并善于运用它，将成为实现目标的重要途径。

独立冷静思考，方能精准决策

在当今这个瞬息万变的财富舞台上，一幕幕财富传奇轮番上演，却鲜有能够屹立不倒的常青树。无数人在这繁华背后默默承受着失落。许多人会将一切归咎于命运的无常。诚然，时运对于个人财富的积累确实起着不可忽视的作用，但那些真正精明的富豪们却能在顺境中敏锐捕捉机遇，积攒人生的财富；而在逆境来临之前，他们又能够未雨绸缪，将已有的财富牢牢守护。这样的智慧，其核心在于"预见"——一种超越常人、洞察未来的能力。

然而，"预见"二字虽简短有力，但付诸实践却如攀登蜀道一般艰难。它要求人们不被眼前的迷雾所困，拥有一双穿透表象、直击本质的慧眼；同时，还需要摒弃一切无根据的臆测与幻想，以严密的逻辑思维为指引。

正如亿万富翁亨利·福特所言："思考是世上最艰苦的工作，很少有人愿意从事这项工作。"在《思考致富》一书中，成功学大师拿破仑·希尔也深刻指出，仅仅依靠勤奋工作并不能让人走向富裕，真正的关键在于"思考"——独立思考，而非盲目跟随他人的脚步。富人之所以能够积累巨额财富，很大程度上得益于他们冷静而理性的思考方式。这种思考不仅是对现状的深刻剖析，更是对未来趋势的精准预判和把握。

肆　谋定

林云峰在商海浮沉多年，最终能够成为业界翘楚，很大程度上得益于他在复杂局势中辨识出不可摇的大方向的过人眼光。在一次涉及高科技产品的国际贸易中，林云峰展现出了他非凡的预见性。

彼时，林云峰正在积极筹备一场高科技产品的国际展销会，目的是将自主研发的智能穿戴设备推向国际市场。然而，就在这个关键时刻，市场却悄然出现了几个微妙的变化：一是国际政治局势趋于紧张，导致部分国家开始限制高科技产品的进口；二是国际巨头纷纷加大在智能穿戴领域的研发投入，市场竞争日益激烈；三是随着技术的快速发展，消费者对产品的更新换代速度要求愈发苛刻。

这些变化对于即将参加的国际展销会的林云峰来说，无疑构成了不小的挑战。一方面，国际政治局势的不确定性可能导致展销会的效果大打折扣；另一方面，面对国际巨头的竞争，林云峰的产品在品牌影响力和技术成熟度上并不占优势。然而，正是在这个关键时刻，林云峰却做出了一个出人意料的决定——提前结束展销会的筹备，转而将重心放在与一家国际知名科技公司的合作谈判上。

这一决定看似冒险，实则体现了林云峰对局势的深刻洞察和精准预判。他敏锐地察觉到，尽管当前国际政治局势紧张，但长远来看，科技合作与交流仍然是推动全球经济发展的重要动力。与国际知名科技公司的合作，不仅能够迅速提升林云峰产品的品牌影响力和技术实力，还能借助对方的渠道优势，快速打开国际市场。更重要的是，通过此次合作，林云峰能够提前布局未来，为即将到来的技术革命和市

富在术数

场竞争做好充分准备。

为了促成这次合作，林云峰在谈判中做出了让步，包括降低部分产品的利润、共享部分核心技术等。这些让步在旁人看来或许过于慷慨，但林云峰却深知，这是为了更长远的利益而做出的必要牺牲。正如他所言："在商场上，眼前的利益固然重要，但未来的机遇更加珍贵。只有把握住未来的趋势，才能在竞争中立于不败之地。"

最终，这次合作谈判取得了圆满成功，双方签订了为期五年的战略合作协议。借助这家国际知名科技公司的平台，林云峰的产品迅速在全球范围内打开了知名度，销售额实现了几何级增长。更重要的是，通过这次合作，林云峰不仅积累了宝贵的国际市场经验，还组建了一支高素质的研发团队，为未来的技术创新和市场拓展奠定了坚实的基础。

林云峰的案例，再次印证了"预见"对于成功的重要性。在商业领域，预见不仅意味着对现状的深刻理解，更意味着对未来趋势的精准把握。那些能够站在时代潮头、引领行业发展的企业家们，往往都是具有非凡预见性的智者。他们不仅能够在顺境中抓住机遇、乘势而上，更能够在逆境中化危为机、逆境重生。

然而，"预见"并非与生俱来的天赋，而是需要后天不断学习和实践才能获得的能力。对于普通人而言，要想在商海中脱颖而出、实现财富自由，就需要不断提升自己的思维能力和认知水平。这包括学习新知识、关注行业动态、培养敏锐的洞察力以及学会独立思考等。只有这样，才能在纷繁复杂的市场环境中找到属于自己的发展之路。

  同时，我们也应该认识到，成功并非一蹴而就的事情。在积累财富的道路上，我们可能会遇到各种困难和挑战。但只要我们保持坚定的信念和不懈的努力，就一定能够克服一切困难、实现自己的梦想。正如林云峰所说："在商场上，没有永远的赢家也没有永远的输家。只有不断学习、不断进步的人，才能最终笑到最后。"

富在术数

不固守思维定式，不随波逐流判断

在变化莫测的商业领域里，思维定式会局限人们的视野，限制人们前行的脚步。随波逐流的人，就如同湍急河流里的一片落叶，只能被动地四处漂泊。只有打破常规，不被现有的思维模式困住，不盲目跟着别人走，才能在时代的浪潮中站稳脚跟，开拓属于自己的广阔空间。

许多人习惯于按部就班，过着能一眼看得到头的生活，或者重复他人的成功路径，走别人走过的老路，重复已有的经验。这种看似稳妥省力的做法，实则暗藏危机。

就拿投资领域来说，有的人看到周围有人炒股短期获利，便不假思索地跟风入场，只盯着当下的涨跌，不考虑背后的市场逻辑与潜在风险，最后往往只落得积蓄赔光甚至负债累累的下场。在商业经营中，这种现象也屡见不鲜，不少商家看到某个热门行业盈利可观，便一拥而上，扎堆进入，全然不顾市场饱和度与自身特色，最后只能在激烈的竞争中陷入困境，苦苦挣扎。

与之相反，那些能够洞察先机、成就非凡事业的人，往往能突破思维禁锢，总能在滚滚洪流中敏锐捕捉到潜藏的商业契机。他们凭借对事物发展趋势的精准研判，果敢行动，哪怕面对未知与风险，也毫不退缩。

肆 谋定

在繁华都市的商业核心区，林立着众多光鲜亮丽的广告公司，它们凭借着精湛的设计、广泛的人脉和成熟的推广渠道，瓜分着市场这块大蛋糕。而林宇创立的"星启创意"广告公司，就诞生在这片竞争白热化的红海之中。

起初，林宇和大多数同行一样，遵循着行业既定的运营模式。客户提出需求，公司迅速组建团队，按照市场流行的风格进行策划、设计，再利用传统媒体渠道进行广告投放。虽然业务稳定，但利润微薄，公司始终在行业的中下游徘徊，随时面临被市场洪流淹没的风险。

一次偶然的机会，林宇参加了一场科技创业峰会。会上，VR（虚拟现实）和AR（增强现实）技术大放异彩，不少初创企业展示了如何利用这些前沿科技打造沉浸式的营销体验。大多数传统广告人对此只是略感新奇，但都认为这些技术距离在广告行业广泛应用还很遥远，依旧埋头于既有的业务模式。然而，林宇却敏锐地察觉到，这可能是打破行业僵局、让"星启创意"脱颖而出的关键契机，他决心打破传统广告的思维定式，不随波逐流。

回公司后，林宇力排众议，暂停了部分传统广告业务，抽调公司的精锐力量，组建了一支专注于探索前沿科技与广告融合的创新团队。他投入大量资金，引进VR、AR设备，聘请技术专家对员工进行培训，开始研发全新的广告形式。

在团队夜以继日的努力下，他们成功打造出一系列基于虚拟现实技术的广告案例。例如，他们为一家汽车品牌设计的VR试驾广告，让

富在术数

消费者无需前往实体店，只需戴上VR设备，就能身临其境地感受汽车在各种路况下的驾驶体验，从而精准了解车辆性能。此处还有他们为一家房地产开发商制作的AR楼盘展示广告，能够让购房者通过手机屏幕，就能看到未来家园的三维立体全貌，甚至可以走进虚拟样板间，察看房屋布局和装修细节。

这些创新性的广告方案刚推向市场时遭到了诸多质疑。客户担心新技术的稳定性和受众接受度，同行们也在一旁冷眼旁观，认为林宇是在冒险，偏离了广告行业的"正轨"。但林宇坚信自己的判断，他亲自带领团队与客户沟通，展示案例效果，提供详细的数据支撑，消除客户的顾虑。

随着几个大胆采用新广告方案的客户收获了远超预期的市场反馈，林宇的广告公司获得了大量的订单。"星启创意"凭借着独树一帜的广告形式，迅速在行业内声名鹊起，成功从竞争激烈的红海中突围而出，业务规模在一年内实现了翻倍增长。

林宇的成功，源于他在关键时刻不被传统思维束缚，敢于果敢地将想法付诸行动，探索出一条全新的发展道路。他用实际行动证明，只有打破思维定式，拒绝随波逐流，才能在风云变幻的商业棋局中掌握财富的主动权。

要做到不固守思维定式、不随波逐流并非易事，需要我们从多个方面锤炼自身。一方面，要把眼光放远，不能只顾眼前的蝇头小利，而应考量一项决策、一个项目的长远影响与发展潜力。这就要求我们时刻关注行业动态、科技发展前沿以及社会需求的变化,从中发现那些尚不完善却蕴含无限机遇的领域。

另一方面,我们必须打破常规,摆脱固有的认知枷锁。不被所谓的"经验""惯例"牵着鼻子走,要敢于质疑,勇于尝试新的理念、模式与技术。同时,要不断提升自己的专业素养,深入了解相关领域的知识,做到知己知彼,如此才能精准看透市场发展的趋势,在机会来临时果断出手。

在这个瞬息万变的时代,机遇稍纵即逝,只有那些敢于突破思维定式、拒绝随波逐流的人,才能紧跟时代步伐,把握商业脉搏,踏上致富的快车,驶向成功的彼岸。

富在术数

眼光越窄,财富越远

"会当凌绝顶,一览众山小。"站在高处,视野开阔,才能将世间万象尽收眼底。财富积累之路也是如此,视野格局在很大程度上决定了我们与财富的距离。眼光狭隘之人,往往只能看到眼前的方寸之地,错失诸多潜在的财富机遇;而拥有广阔眼光的人,则能够洞察时代的趋势、行业的变迁,从而紧紧抓住财富的缰绳。

眼光,反映了我们对周围世界的认知与洞察能力。它不仅关乎我们对当下事物的理解,更影响着我们对未来发展的预判。在瞬息万变的商业社会和经济领域,眼光如同指南针,指引着我们前行的方向。而当我们的眼光变得狭窄时,就如同戴上了一副狭小的眼罩,只能看到眼前的一点光亮,却忽略了周围的无限可能。

历史上,有许多因眼光狭隘而错失财富的例子。清朝末年,封建统治者秉持着"天朝上国"的观念,闭关锁国,拒绝与外界进行广泛的交流与合作,只看到国内现有的资源和市场,忽视了工业革命给世界带来的巨大变革。在西方国家大力发展工业、拓展海外贸易,积累巨额财富的时候,清朝却故步自封,经济发展逐渐滞后。最终,在列强的坚船利炮下,清朝被迫打开国门,不仅失去了经济上的自主发展权,还遭受了巨额的赔款和割地,丧失国家尊严并使国家财富大量外流。这一惨痛的历史教训深刻地表明,眼光狭窄会阻碍发展,与财富

肆　谋定

渐行渐远。

大学毕业后，白彬进入了一家传统的制造业企业工作。初入职场，他凭借着自己的专业知识和勤奋努力，很快在公司站稳了脚跟。然而，随着科技的飞速发展，互联网行业逐渐崛起，对传统制造业产生了巨大的冲击。

白彬所在的公司也意识到了这一问题，开始尝试进行数字化转型，拓展线上业务。公司组织了一系列培训，鼓励员工学习互联网相关知识，适应新的业务模式。但白彬却认为，自己在传统制造业领域已经积累了一定的经验，互联网行业对他来说既陌生又充满风险。他觉得只要做好自己手头的工作，就能保住"饭碗"，获得稳定的收入。于是，他对公司组织的培训敷衍了事，拒绝学习新的知识和技能。

与此同时，白彬的同事李阳却有着不同的看法。李阳敏锐地察觉到互联网行业的发展趋势，意识到这是一个巨大的机遇。尽管学习互联网知识对他来说也并非易事，但他积极参加培训，利用业余时间自学，还主动向公司申请参与线上业务的开拓。在这个过程中，李阳不断提升自己的能力，逐渐成为公司线上业务的骨干。

随着时间的推移，公司的线上业务取得了显著的成绩，李阳也因为出色的表现获得了丰厚的奖金和晋升机会。而白彬由于在互联网业务方面毫无建树，在公司里逐渐被边缘化。当公司进行业务调整时，白彬有了被裁员的风险。此时，他才意识到自己当初的眼光是多么狭隘。后来，白彬离开了原来的公司，试图寻找新的工作机会。但由于他缺乏互联网相关技能，在求职过程中处处碰壁，只能应聘一些低薪的基础岗位，生活质量大幅下降。

反观李阳，凭借着在互联网领域的积累，他跳槽到了一家知名的互联网企业，薪资待遇得到了进一步提升。

从白彬的经历中我们不难看出，狭隘的眼光让他在面对行业变革时选择了逃避，错失了转型的机会，最终导致自己在财富积累的道路上远远落后于他人。而李阳则因为拥有长远的眼光，能够积极拥抱变化，才在财富之路上越走越远。

"穷则变，变则通，通则久"。在积累财富的道路上，我们不能故步自封，局限于眼前的利益和熟悉的领域。我们应不断拓宽自己的视野，提升自己的认知水平，关注行业的动态和社会的发展趋势。只有这样，我们才能在面对机遇时，迅速做出反应，紧紧抓住财富的尾巴。

"眼光越窄，财富越远"，这并非危言耸听，而是无数事实证明的真理。无论是个人、企业还是国家，都应该以开放的心态，积极学习新知识、了解新趋势、不断拓宽自己的眼界。只有摆脱狭隘眼光的束缚，站在更高的角度，才能以更广阔的视野去拥抱财富。

眼光放长远，不要纠缠眼前的利益

"不畏浮云遮望眼，自缘身在最高层"。在积累财富的漫漫长路上，人们往往容易被眼下财富的光芒所迷惑，而忽视了更具潜力的未来财富。当下的金钱固然能带来即时的满足与安全感，但未来的财富，却蕴含着无限的可能与更广阔的人生价值。将目光放长远，聚焦于未来的财富，才是实现财富持续增长与人生升华的关键。

当下的金钱，犹如手中紧握的沙砾，虽能实实在在地感受到它的存在，却也可能因过于执着而限制了我们的视野与发展。很多人一生忙碌，只为追逐眼前的利益，却在不知不觉中错过了诸多改变命运的契机。例如，一些年轻人为了获取短期的高收入，选择一份看似高薪却毫无发展前景的工作，每天被繁重的工作任务压得喘不过气，没有时间和精力去提升自己、拓展人脉、为未来的发展积累资源，当行业变革或经济危机来临时，他们往往首当其冲，面临失业的风险，曾经紧握的金钱也会很快化为泡影。

与之相反，未来的财富是一种基于长远眼光和战略布局的预期收益，它不仅仅局限于金钱的数量，更涵盖了知识、技能、人脉、声誉等无形的宝贵资产。这些资产如同深埋在地下的宝藏，在当下或许无法立即兑换成现金，但随着时间的推移和个人的努力，它们将逐渐显

富在术数

现出巨大的价值，为我们带来源源不断的财富。

　　徐牧自小就对互联网有着浓厚的兴趣，大学期间接触到直播行业后，他敏锐地察觉到其中蕴含的巨大潜力。毕业后，他毅然决然地投身直播领域创业。起初，徐牧的直播之路充满艰辛。他选择的知识科普类直播，旨在为观众传递有价值的信息，帮助他们提升自我。在初期，这类直播的变现能力并不强，观众增长速度也较为缓慢，收益微薄，难以维持生计。身边的朋友劝他不如转型做娱乐直播，因为现在娱乐直播赚钱更快。可徐牧没有动摇，他坚信知识付费、品牌合作以及知识传播可以长远地提升个人影响力并带来长期的财富增长。于是，他投入大量时间和精力提升自己的知识储备，优化直播内容，学习先进的直播技巧，同时积极与观众互动，建立良好的社群关系。

　　随着时间的推移，徐牧的坚持和努力开始得到回报。观众对他的认可度越来越高，粉丝数量稳步增长；一些知名教育机构和品牌也注意到他，主动寻求合作，邀请他进行线上课程录制和产品推广。然而，此时的徐牧也仍然没有满足于眼前的收益，而是充分利用合作机会进一步提升自己的专业形象和行业影响力，为未来的发展积累更多资源。

　　与徐牧同期进入直播行业的好友赵宇却选择了截然不同的道路。赵宇看到娱乐直播行业当下赚钱轻松，便一头扎了进去。他采用了一些博眼球的方式进行直播，短期内获得了大量的打赏，收入颇丰。然而，由于赵宇的内容缺乏深度和持续性，观众的新鲜感很快过去，粉丝随之大量流失。加之娱乐直播行业竞争愈发激烈，赵宇的收入逐渐减少，最终在行业的变革中失去了立足之地。

从徐牧和赵宇的经历中可以清晰地看到，徐牧因着眼于未来财富，凭借对行业趋势的准确判断和不懈坚持，在直播行业站稳脚跟并最终获得财富。而赵宇只看重当下金钱，盲目跟风，最终在行业的浪潮中被淘汰。这再次证明，在积累财富的道路上，我们要像徐牧一样，把目光放长远，注重积累知识、提升技能、拓展人脉，为未来的财富增长筑牢根基。只有如此，才能在风云变幻的时代中，实现财富的持续增长与人生价值的升华。

在历史上，也有许多名人通过关注未来财富取得了非凡的成就。

战国时期的吕不韦本是一名商人，他发现了秦国质子异人身上的巨大潜力。他深知，如果能够帮助异人登上秦国的王位，将获得无法估量的财富和地位。于是，吕不韦不惜花费大量的金钱和精力，帮助异人回国继承王位。最终，吕不韦如愿以偿，成为了秦国的丞相，获得了巨大的财富和权力。

吕不韦的成功，正是源于他对未来财富的敏锐洞察力和大胆的投资眼光。而在现代社会，我们面临着更加复杂多变的经济环境和前所未有的发展机遇。要想在这个时代实现财富的增长和人生的价值，我们就必须学会多看未来的财富，不纠缠于眼前的利益。我们要不断提升自己的认知水平，培养敏锐的市场洞察力和长远的战略眼光。在选择职业、投资项目或进行人生规划时，我们要充分考虑未来的发展趋势，注重知识、技能和人脉的积累，为未来的财富增长奠定坚实的基础。

伍 入局

　　若想真正叩开财富的大门，首要的便是勇敢地入局。这并非简单的参与，而是全身心地投入，毅然决然地承担随之而来的一切可能。虽然可能会遭遇市场的瞬息万变，面临投资的失败风险；可能会在激烈的竞争中暂时受挫，陷入困境，但只有无畏地迎接这些不确定性，以坚定的信念和顽强的毅力去应对，才有可能在财富的浪潮中站稳脚跟，收获属于自己的辉煌成就。

富在术数

商业头脑有多强，取决于你的"胆商"

在中国，有一句流传甚广的俗语："不入虎穴，焉得虎子。"这短短八个字，道出了一个深刻的道理：若想在自主创业的道路上获得财富，勇气是不可或缺的品质。而这里所说的勇气，实则是一种敢于冒险的心理特质，是面对危险、恐惧或困难时不屈不挠的精神。然而，知易行难，培养出这样的勇气并非易事。

事实上，创业致富在很大程度上可以被视为一种心智游戏。众多财富拥有者在成功之前，常常在内心描绘着有钱之后的种种美好，不断提醒自己，若想拥有财富，就必须勇于冒险。我们常常听到有人懊悔地说："当年我要是如何如何，今天早就富贵了。"明明看好了一条路，却因缺乏胆量而不敢迈出脚步，这成了人生悔恨的常见原因。那么，为什么当时会缺乏那份胆量呢？

在过去，人们普遍认为一个人能否成就一番事业，取决于其智商的高低；后来，情商的重要性也逐渐被人们所认识。而在当今这个复杂多变的时代，"胆商"这一概念闯入了大众的视野。

智商，是衡量一个人智力水平的数量指标，它不仅体现了对知识的掌握程度，还反映了人的观察力、记忆力、思维能力、想象力、创造力以及分析和解决问题的能力。情商，则关乎管理自身情绪以及处理人际关系的能力。而胆商，是对一个人胆量、胆识和胆略的度量，反映了一个人的冒险精神。众所周知，智商是成功的必要非充分条件，情商是成功的心理基础，而胆商则是获得财富的前提。要想获得更多的财富，这三者缺一不可。

通过学习和训练，智商能够得到开发和提升。想要获得更多财富，就必须持续学习，不仅要从书本中汲取知识，还要向社会、向周围的人学习，不断积累智慧。同样，在快节奏的生活、高负荷的工作以及复杂的人际关系面前，如果没有高情商，只是一味埋头苦干，也很难获得成功。

具备非凡胆略的人，面对危机能够镇定自若，有破釜沉舟的果敢，能够力排众议。他们拥有强大的决策魄力，能够精准把握机遇，在关键时刻果断出手，以最快的速度适应环境变化。如果没有敢为天下先、勇于承担风险的胆略，就永远无法成就大业。但凡拥有更多财富的人，都具备敢闯、敢试、敢干的过人胆略。对于创业者和企业家而言，胆商在某些关键时刻甚至决定着企业的兴衰存亡。

在现实生活中，由于"胆商"不足，导致许多好想法被搁置，新举措无法实施，好机制难以发挥成效的例子屡见不鲜。有些人想法众多，却因顾忌太多，就像手中握着好箭，却只是反复搓动，不敢射出，这样将永远无法射中目标。

冒险就必然面临失败的可能，失败是冒险所必须付出的成本。世上本就没有万全之策，如果非要等到有100%的把握才去行动，那恐怕

富在术数

什么事情都做不成。

年轻的创业者林阳一直梦想在科技领域闯出一片天地。他敏锐地察觉到，随着人们对健康生活的关注度不断提高，智能健康监测设备将会有巨大的市场需求。于是，他决定研发一款集多种健康监测功能于一体的智能手环。

然而，研发过程困难重重。一方面，技术难题接踵而至，研发团队在传感器的精准度和续航能力的提升上遇到了瓶颈；另一方面，他面临的资金压力巨大，前期的研发投入已经让他的积蓄所剩无几，还欠下了不少债务。

但林阳没有被这些困难吓倒，他凭借着过人的胆商，决定孤注一掷。

他四处奔走，向亲朋好友以及一些天使投资人讲述自己的项目前景。尽管很多人对这个充满不确定性的项目心存疑虑，但林阳的真诚和坚定的信念打动了一部分人，他们愿意为他提供资金支持。在技术研发上，林阳鼓励团队成员大胆尝试新的算法和材料。经过无数个日夜的努力，终于攻克了技术难题。

产品研发出来后，林阳又面临着市场推广的难题。面对竞争激烈的智能穿戴设备市场，他没有退缩。他带领团队参加各种科技展会，主动与各大电商平台和线下零售商沟通合作。在推广过程中，他大胆投入大量资金进行广告宣传，尽管这让公司的资金链再次面临紧张，

伍 入局

但他相信，这样能够让产品在市场上脱颖而出。

经过一段时间的努力，林阳的智能手环凭借其出色的性能和精准的监测数据，逐渐获得了消费者的认可。产品销量节节攀升，公司也逐渐走上正轨，并获得了新一轮的融资。林阳凭借着自己的胆商，在充满风险的创业道路上取得了初步的成功。

此刻，不妨静下心来，认真审视自己。当面对新的机遇时，你是否能如林阳一般，果敢地迈出第一步，无惧前方的未知与风险？你是否拥有在困境中坚守，在质疑声中力排众议的胆略？这，便是胆商在现实生活中的体现。

高智商赋予我们分析问题、把握机遇的能力，高情商让我们在人际交往与复杂环境中如鱼得水，而胆商则是点燃成功之火的关键。它并非与生俱来的天赋，而是可以通过不断地尝试、学习与自我突破逐步培养的，每一次勇敢地挑战未知，都是对胆商的磨砺；每一次在困境中坚持，都是胆商的成长。从现在起，勇敢地直面内心的恐惧，用行动去书写属于自己的财富篇章。

在追逐财富与成功的道路上，我们会遭遇诸多不确定因素，就像在迷雾中前行，虽充满危险，但只要拥有足够的胆商，就能找到那条通往财富的捷径。你准备好，凭借胆商开启这场充满挑战的冒险之旅了吗？让我们带着无畏的勇气，踏上征程，去拥抱可能属于我们的辉煌未来。

富在术数

当你在创业的浪潮中，面对资金短缺、市场竞争激烈的双重压力，是否能凭借胆商，咬紧牙关，四处奔走寻求投资，另辟蹊径开拓市场？让我们把每一次困难都当作提升胆商的阶梯，把每一次挫折都当作磨砺胆商的基石。在不断的挑战中，我们的胆商将愈发强大，终有一天，我们能够凭借这份强大的胆商，跨越重重障碍，实现心中的梦想。

伍 入局

历经困苦，方能承担大任

"天将降大任于是人也，必先苦其心志，劳其筋骨，饿其体肤，空乏其身，行拂乱其所为；所以动心忍性，增益其所不能"。这是《孟子·告子下》中的一段，它的大意是：上天要把重任交给某个人时，一定要先使他的心志困苦，使他的筋骨劳累，使他的躯体饥饿，使他的身心困乏，扰乱他，使他的所作所为都不顺利，为的是要激发他的心志，坚韧他的性情，增加他所欠缺的能力。

人生之路，犹如一场充满未知与挑战的漫长征途，时而阳光明媚，时而风雨交加。困苦，如同隐匿在暗处的荆棘，常常冷不防地刺痛我们，让前行的脚步变得沉重而艰难。然而，历史的长河悠悠流淌，无数事例向我们证明：走过困苦的人，必能承担大任。

古往今来，困境常常成为磨砺英雄的试金石。

西汉史学家司马迁，年轻时便立志继承父业，撰写一部贯通古今的史书。然而，天有不测风云，李陵之祸突如其来，他因替李陵辩解，触怒汉武帝，被处以宫刑。这一刑罚对他而言，不仅是身体上的巨大创伤，更是精神上的致命打击，让他陷入了极度的痛苦与屈辱之中。在那个看重名节的时代，遭此横祸，很多人或许早已一蹶不振。但司马迁没有，他在悲愤交加中，选择了直面这人生的至暗时刻。

他深知，若就此放弃，历史的真相可能会被掩埋，父亲的遗愿将化为泡影。于是,他忍辱负重,发奋著书,以惊人的毅力在困境中笔耕不辍。凭借着深厚的学识积累和对历史的敬畏之心,他耗费十余载光阴,终于完成了被誉为"史家之绝唱,无韵之《离骚》"的《史记》。

这部伟大的史学巨著,记录了从上古传说中的黄帝时期,再到汉武帝太初四年间共三千多年的历史,为后世留下了无尽的智慧宝藏。司马迁从个人的困苦深渊中走出,肩负起传承历史、警示后人的重任,其成就至今熠熠生辉。

放眼海外,南非前总统曼德拉的人生经历同样震撼人心。

在种族隔离制度盛行的年代,黑人遭受着残酷的压迫与歧视,曼德拉挺身而出,为了争取黑人的平等权利,不惜与当局对抗。他因此被捕入狱,在罗本岛度过了漫长的27年牢狱生涯。狱中环境恶劣,生活艰苦,他不仅要承受高强度的体力劳动,还要面对精神上的孤独与煎熬。但曼德拉从未放弃抗争的信念,他在狱中坚持学习,与狱友们交流思想,传播平等自由的理念,不断磨砺自己的意志。

27年后,当他走出监狱大门时,已然成为了南非黑人解放运动的精神领袖。他凭借着在困苦中铸就的坚韧与智慧,推动着南非走向废除种族隔离制度的道路。他以包容、和解的胸怀,团结各方力量,让这个饱经沧桑的国家重燃希望之火。曼德拉肩负起了重建南非的大任,成为全世界敬仰的伟人,他的名字永远铭刻在人类追求平等与自由的历史丰碑之上。

伍　入局

　　这些事例无不表明，困苦是人生的必修课，它虽带来磨难，却也孕育着希望与成长。走过困苦的人，在与困境的顽强抗争中，锤炼了坚韧不拔的意志，积累了丰富的人生经验，培养了洞察世事的智慧。他们如同浴火重生的凤凰，拥有了承担大任的能力与胸怀。

　　在人生的漫长旅途中，每个人都会遇到各种各样的困难与挑战。然而，正是这些经历，塑造了我们的坚韧与毅力，让我们学会了如何在逆境中坚持，如何在困难面前挺身而出。走过困苦的人，往往能够积累宝贵的经验与智慧，这些正是承担大任所必需的品质。

　　困苦如同磨刀石，它虽让我们经历磨难，却也让我们变得更加锋利与坚韧。在困境中，我们要学会独立思考，学会如何在压力之下做出正确的决策，学会如何在失败中汲取教训，如何在挫折中寻找机遇。这样，当我们在面对更大的责任与挑战时，才能够从容不迫，游刃有余。

　　那些走过困苦的人，往往拥有更加坚定的信念与决心。他们深知获得财富的背后是无数次的失败与努力，因此，他们不会轻易放弃，更不会在困难面前退缩。

富在术数

挫折中蕴藏着同等或更大的成长契机

在人生的漫漫长路上，挫折就像暴风雨，来势汹汹，将我们的生活搅得一团糟。但如果我们能以积极的心态去审视它，就会发现，每一次暴风雨过后，都蕴藏着同等或更大的成长契机，如同在黑暗中隐藏着的璀璨星光，等待着我们去发现和把握。

诺贝尔生理学或医学奖获得者屠呦呦，曾在研制青蒿素的过程中遭遇了无数挫折。上世纪60年代，疟疾肆虐，严重威胁人类生命健康，而当时的抗疟药物效果不佳。屠呦呦临危受命，投身抗疟药物的研究。在实验过程中，她面临着研究资源匮乏、实验设备简陋等诸多难题。她和团队尝试了超过2000种中药提取方式，进行了191次试验，却始终未能找到理想的抗疟药物。一次次的挫折，并没有阻挡她前进的脚步，反而让她在探索中不断成长，最终取得了举世瞩目的成就。终于，在查阅了大量古代医书后，她从青蒿中提取出了青蒿素，为全球疟疾防治做出了巨大贡献。

挫折之所以能成为成长的契机，是因为它能激发我们的潜能。困境会激发我们内心深处的斗志，促使我们去挖掘自身尚未发现的能力。它还能让我们对自身和世界有更深刻的认识。挫折会促使我们反思自己的行为和决策，从而发现自身的不足，进而有针对性地进行改进。而且，挫折也能磨炼我们的意志，让我们在未来面对困难时更加坚韧

伍　入局

不拔。

　　在生活中，我们也会遇到各种各样的挫折，可能是一次考试失利、工作上的失误，或是人际关系的破裂。但我们要明白，这些挫折并非终点，而是成长的转折点。我们要以积极的心态去面对，善于从挫折中吸取教训，找到新的方向。当我们把每一次挫折都当作成长的机遇时，就会发现自己正在一步步走向更强大的自己。

富在术数

挑起失败的担子，负责到底

失败就像黑夜中的暴风雨，常常不期而至，将我们的计划与梦想打得七零八落。面对失败，很多人选择逃避、推诿，试图将责任撇清。然而，真正的强者，却能在失败的废墟中挺身而出，毅然挑起失败的担子，负责到底。这种担当，不仅是一种高尚的品质，更是获得更多财富的关键路径。

诸葛亮在刘备白帝城托孤后，肩负起兴复汉室的重任。尽管刘备在夷陵之战中大败，元气大伤，蜀汉国力衰微，但诸葛亮没有丝毫抱怨。他挑起了这个失败的担子，对内严明法纪，发展生产，改善民生；对外联吴抗魏，积极北伐。他事无巨细，都亲自过问，殚精竭虑。尽管最终未能实现兴复汉室的目标，但他那种负责到底的精神，为后世所敬仰。他在《出师表》中写下"鞠躬尽瘁，死而后已"，正是他对失败负责到底的真实写照。

林宇出生在一个普通的小镇，父母靠着经营一家小杂货店维持生计。从小，林宇就对科技产品有着浓厚的兴趣，常常自己拆解和组装一些简单的电子产品。凭借着对科技的热爱和不懈的努力，林宇考上了一所知名大学的电子工程专业。

大学毕业后，林宇怀揣着创业的梦想，回到家乡，创办了一家名为"星耀科技"的公司，致力于研发和生产智能家居设备。起初，一

伍 入局

切都看似顺风顺水。林宇凭借着自己扎实的专业知识和独特的创意，成功研发了一款智能音箱，这款音箱不仅具备基本的语音交互功能，还能与家中的各种电器设备互联互通，实现智能化控制。

产品研发出来后，林宇信心满满地将其推向市场。然而，现实却给了他沉重的打击。由于缺乏市场推广经验，产品的知名度极低，几乎无人问津。同时，产品在用户试用过程中也暴露出了诸多问题，比如语音识别准确率不高、与部分电器设备兼容性差等。这导致产品的退货率居高不下，公司的资金链也面临着断裂的危险。

面对这一系列的问题，林宇没有丝毫退缩。他深知，作为公司的创始人，他必须对这些问题负责到底。他召集公司的核心团队成员，召开了一次长达数小时的会议。在会议上，林宇没有指责任何人，而是主动承担起了失败的责任。他表示，是自己在产品研发和市场推广方面考虑不够周全，才导致了如今的局面。

随后，林宇开始积极寻找解决问题的方法。他亲自带领技术团队，对产品进行全面的升级和优化。他们日夜奋战，不断改进语音识别算法，提高产品的兼容性。同时，林宇还加大了市场推广力度，亲自前往各地参加各类科技展会，向潜在客户介绍产品的优势和特点。为了节省资金，他甚至自己设计宣传海报，亲自去展会现场布置展位。

经过几个月的努力，产品的性能得到了显著提升，市场推广也逐渐取得了成效。智能音箱的销量开始稳步上升，公司的资金链也逐渐恢复正常。然而，就在林宇以为公司即将走上正轨的时候，新的问题

富在术数

又接踵而至。

随着市场竞争的加剧，一些大型科技企业也开始涉足智能家居领域。这些企业凭借着雄厚的资金实力和强大的品牌影响力，迅速抢占了大量市场份额。星耀科技的产品销量再次受到冲击，公司的发展陷入了困境。

面对这一严峻的形势，林宇没有被困难吓倒。他再次挑起担子，决定对公司的发展战略进行全面调整。他意识到，与大型科技企业在产品同质化的市场上竞争，星耀科技很难取得优势。于是，他决定将公司的发展重点转向为客户提供定制化的智能家居解决方案。

为了实现这一目标，林宇带领团队深入了解客户需求，不断优化产品和服务。他们根据不同客户的需求和房屋布局，为客户量身定制智能家居系统。同时，林宇还加强了与房地产开发商和装修公司的合作，将智能家居系统作为楼盘和装修的卖点。

经过一段时间的努力，星耀科技的定制化智能家居解决方案受到了市场的广泛欢迎。公司的业务逐渐走上正轨，并且实现了快速发展。如今，星耀科技已经成为了国内知名的智能家居解决方案提供商，为无数家庭带来了便捷和舒适的生活体验。

回顾自己的创业历程，林宇感慨万千。他说："在创业的道路上，我遇到了无数的失败和挫折。但正是这些失败，让我变得更加坚强和成熟。每一次失败，我都告诉自己，要对自己的选择负责，要对团队负责，要对客户负责。只有挑起失败的担子，负责到底，才能在困境

伍　入局

中找到出路，实现自己的梦想。"

　　林宇的故事告诉我们，挑起失败的担子，负责到底，需要我们具备坚定的信念和顽强的毅力。当失败来临，我们不能被恐惧和沮丧所左右，而是要坚信自己有能力去解决问题。同时，我们要具备承担责任的勇气，敢于直面失败的后果，不逃避、不推诿。

　　现实生活中，我们每个人都会遇到失败。面对失败和挫折时，我们应该勇敢地承担起失败的责任，反思自己失败的原因，并从中吸取教训，制定出切实可行的改进措施。

　　当我们以这种态度面对失败时，会发现失败不再是终点，而是通向财富大门的新起点。它能让我们更加成熟、坚强，让我们在追逐财富的道路上走得更加稳健。

敢于冒险，不断拼搏才能成功

通往财富大门的道路从来都不是一帆风顺的，其中布满了荆棘与坎坷，风险会如影随形，只有勇于直面风险，不断拼搏奋斗，才能跨越重重障碍，叩响财富的大门。

风险，源于形势的不明朗，是一种可能遭遇失败的潜在危险。当我们身处黑暗，前路未知，每迈出一步，前面可能陷入泥沼，也可能踏上通途，这便是风险的真实写照。在面对风险时，我们面临着艰难的抉择：是驻足观望，确保暂时的安全，却可能错失良机；还是奋勇向前，虽可能遭受重创，却也怀揣着攀上巅峰的希望。

那些拥有更多财富的人时刻敏锐地捕捉机会，一旦发现，便毫不犹豫地出手。但他们更坚信，风险愈大，往往蕴含的机会也愈大。不过，他们绝非盲目地冒险，而是在行动前，审慎地衡量风险与利益的天平，只有当确信利益大于风险，获得财富的可能性超过失败的概率时，才会果断地进行投资。他们甘愿冒险，却从不鲁莽行事，每一次决策都经过深思熟虑，力求在风险中寻求最大的成功可能。

福勒出生于美国一个黑人家庭，是家中七个孩子中的一员。他深知生活的艰辛，毅然决定将经商作为改变命运的途径，并最终选择了经营肥皂的道路。在长达12年的时间里，他不辞辛劳，挨家挨户地推销肥皂，凭借着坚韧不拔的毅力和真诚的态度，积累了丰富的销售经

伍 入局

验，也赢得了众多客户的信任与赞赏。

命运的转折悄然降临，福勒得知一直供应肥皂的公司即将被拍卖，售价为15万美元。他敏锐地意识到这是一个难得的机遇，一旦成功收购，便能实现事业的巨大飞跃。然而，摆在他面前的是一个巨大的难题——资金严重不足。但福勒没有丝毫退缩，他果断地将自己12年来一点一滴积攒下来的2.5万美元作为保证金交给了肥皂公司的老板，并许下承诺，会在10天内筹齐余下的12.5万美元。倘若无法按时筹到这笔款项，他不仅会失去保证金，还将错失这个改变命运的绝佳机会。

福勒清楚地知道，这次的冒险风险巨大，但他更相信，只要敢于直面风险，拼尽全力，就有可能成功。于是，他凭借着多年来在销售过程中积累的人脉，开始四处寻求帮助。他向那些与他交情深厚的富人借款，同时积极与信贷公司和投资集团沟通，争取他们的支持。在他的不懈努力下，一笔笔资金陆续到位。

然而，到了第10天的前夜，福勒仅仅筹集到了11.5万美元，还差整整1万美元。此时的他，几乎已经用尽了所有已知的贷款渠道。深夜，在幽暗的房间里，福勒陷入了沉思，但他并没有被困难吓倒，反而坚定了继续拼搏的决心。他告诉自己："情形最糟，也不过如此，我必须全力以赴，去实现目标。"

抱着这样的信念，福勒在夜里11点毅然驱车驶向芝加哥61号大街。他决定沿着这条大街一家一家地寻找可能的机会。当他驶过几个街区后，发现了一所亮着灯的承包商事务所。福勒毫不犹豫地走了进

富在术数

去，此时，坐在写字台前的承包商因深夜工作而显得疲惫不堪。福勒鼓起勇气，直截了当地问道："你想赚1000美元吗？"在得到肯定的答复后，福勒迅速阐述了自己的计划："那么，给我开一张1万美元的支票，当我奉还这笔钱时，我将另付1000美元利息。"随后，他向承包商展示了其他借款给他的人的名单，并详细解释了这次风险投资。也许是被福勒的勇气和真诚所打动，也许是看到了其中潜在的利益，这位承包商最终同意了福勒的请求。就这样，福勒成功地拿到了这至关重要的1万美元支票。

福勒用这笔资金顺利买下了肥皂公司。此后，他凭借着自己的商业智慧和拼搏精神，不断拓展业务版图，不仅在肥皂生产行业取得了巨大成功，还陆续在其他七家公司，包括四家化妆品公司、一家袜类贸易公司、一家标签公司和一家报社，获得了控股权。福勒的事业如日中天，他成功地实现了从贫困到富有的华丽转身。

福勒的成功，很大程度上归功于他敢于冒险的勇气和锲而不舍的拼搏精神。他在面对巨大风险时，没有选择退缩，而是勇敢地迈出了第一步，凭借着坚定的信念和不懈的努力，克服了重重困难，最终收获了成功的果实。

纵观历史长河，那些事业有成的人，无一不是敢于在风险中拼搏的勇士。他们在行动前，会充分预估可能面临的各种损失，做好最坏的打算，但一旦决定行动，便会拼尽所有的力量，去追求心中的目标。即使最终失败了，他们也能坦然面对，因为他们已经竭尽全力，对自

伍 入局

己和他人都问心无愧。

在追逐财富的道路上，我们常常会面临各种风险和挑战。很多人会因为害怕失败而过于谨小慎微，不敢迈出关键的一步，最终只能与财富擦肩而过。而那些自信且勇敢的人，如同大胆地走过独木桥的人，敢于直面风险，不断拼搏奋斗，最终得偿所愿。

"敢于冒险，不断拼搏才能走向成功"，这不仅仅是一句口号，更是一条经过无数人验证的真理。在未来的人生道路上，无论遇到多大的风险与困难，让我们都能像福勒一样，迈出勇敢的步伐，在风险中砥砺前行，用拼搏和奋斗书写属于自己的辉煌篇章。因为只有在风雨的洗礼中，我们才能真正成长，才能实现自己的人生价值，走进财富的殿堂。

富在术数

审时度势，在危机中抓住财富契机

商场上，危机就如同潜藏在暗处的礁石，随时可能让前行的船只触礁搁浅。然而，那些真正拥有智慧与洞察力的人，却总能在危机降临时审时度势，巧妙地将危机化为转机，让原本看似绝境的局面焕发出新的生机与活力。

审时度势，意味着要对所处的时代背景、社会环境以及具体的局势，有着敏锐且精准的判断。古往今来，这样的例子不胜枚举。

春秋时期，越王勾践在会稽之战中惨败于吴王夫差，国家陷入了灭顶之灾，这无疑是一场巨大的危机。从常人的角度来看，似乎越国已再无翻身之日，只能在吴国的压迫下苟延残喘。但勾践却审时度势，深知此时若与吴国硬碰硬，只有死路一条。于是，他果断选择了忍辱负重，带着妻子和大臣入吴为奴，受尽屈辱。

而在吴国，他并未因困境而消沉，反而暗中观察吴国的国情、吴王的习性以及吴国内部的矛盾。回到越国后，勾践卧薪尝胆，依据对局势的判断，一方面休养生息，发展农业和手工业，增强国家的经济实力；另一方面，积极训练军队，提升军事力量，同时利用吴王夫差好大喜功、骄傲轻敌的弱点，不断施展离间计等策略，挑拨吴国内部关系。

最终，勾践选择恰当的时机，率领越国军队一举攻破吴国，实现了复国雪耻的壮举，将曾经的亡国危机，成功转化为了重振越国的转机。

在商业领域，化危机为转机的故事同样震撼人心。

以全球知名的苹果公司为例。在 20 世纪 90 年代，苹果公司面临着严峻的内忧外患。内部，公司管理混乱，产品缺乏创新；外部市场份额被竞争对手不断蚕食。在这样的危机中，苹果公司甚至一度濒临破产。

但是，乔布斯的回归，成为了苹果扭转乾坤的关键。乔布斯看到了当时计算机行业虽然竞争激烈，但用户对于电子产品的需求正逐渐从单纯的功能性向体验性、个性化转变。基于这样的洞察，他大刀阔斧地进行改革，精简产品线，集中精力研发具有创新性和极致用户体验的产品。于是，iMac、iPod、iPhone、iPad 等一系列改变世界的产品相继问世。苹果不仅逐步摆脱了破产的危机，还一跃成为全球市值最高的公司之一，引领了行业潮流，开启了属于苹果的辉煌时代。

危机往往伴随着各种困难和挑战，但正是这些困境，也能够成为促使我们重新审视自身、寻找突破的契机。就如同一场暴风雨，虽然会暂时打乱生活的节奏、破坏原有的秩序，但它也能洗刷掉陈旧的、不合理的东西，让我们看到那些平日里被忽视的问题，进而去思考如何改进、如何创新。

当经济危机席卷全球时，很多传统制造业企业面临订单锐减、成本上升的困境，这看似是绝境，但有些企业却敏锐地察觉到环保产业、智能制造等新兴领域的发展潜力，果断转型，投入资金进行相应的技术研发，引进先进设备，将原本的生产车间改造为符合环保要求、智能化程度高的新型工厂，从传统的低附加值产品生产转向高附加值、绿色环保产品的制造，不仅在危机中存活下来，还实现了产业升级，开拓了更为广阔的市场空间。

然而，要做到审时度势并非易事，它需要我们时刻保持清醒的头脑，不断学习、了解时事，具备对信息进行分析整合的能力，还需要有敢于打破常规、果断决策的勇气。在危机面前，不能被恐惧和焦虑蒙蔽双眼，而是要冷静下来，从宏观的大环境到微观的具体细节，全方位去剖析局势，在危机中获得财富的增长。

伍　入局

投资有风险，价值投资最稳妥

在当今这个充满机遇与挑战的时代，想要成功走进财富的殿堂，投资意识已然成为不可或缺的关键要素。它宛如一盏明灯，穿透迷雾，为前行者指引方向；又似一对强劲的羽翼，助力逐梦者翱翔天际。

投资意识绝非仅仅局限于金融市场上对股票、基金、债券等产品的买卖操作，其内涵更为宽泛深远，涵盖了对知识、人脉等诸多领域的精准投入。

大学毕业后，林晓进入一家普通企业担任文员。她发现，周围同事大多按部就班，满足于手头的日常事务。然而，林晓却心怀壮志，她深知知识就是力量，于是便开启了自己的知识投资之旅。她每月拿出固定的一部分工资用于购买专业书籍，从行业前沿理论到实操技能手册，无一不涉猎；同时，她还利用业余时间报名参加线上线下的培训课程，与行业内的专家学者交流学习。

起初，同事们对此很不解，甚至有人调侃她"白费力气"。但林晓不为所动，几年下来，她积累了深厚的专业知识，在公司内部的竞聘中脱颖而出，晋升为项目经理，薪资也实现了数倍增长。后来，她凭借对行业趋势的精准把握，选择创业，成立了一家咨询公司，逐步发展壮大，彻底改变了自己的人生轨迹。在林晓的成功背后，是对知识持之以恒的投资。将知识转化为能力，才得以打开了一扇扇机遇之门。

富在术数

人脉投资同样不容小觑。

李辉是一位初出茅庐的创业者,手头攥着一款极具创新性的环保产品设计方案,无奈资金短缺、渠道匮乏,项目一度陷入僵局。

一次偶然的机会,他参加了一场绿色科技产业峰会。在峰会上,他没有急于推销自己的产品,而是以谦逊真诚的态度结识参会的各路精英,认真倾听他们的见解,分享自己的创业初心。

会后,他主动与几位行业大佬保持联系,定期交流行业动态,逢年过节都会送上诚挚的祝福,偶尔还会就一些技术难题请教他们。渐渐地,大佬们认可了他的为人与潜力,不仅为他牵线搭桥,介绍潜在投资人,还帮他对接优质的生产厂家和销售渠道。

在人脉力量的汇聚下,李辉的创业项目得以顺利启动,产品一经推出便大受欢迎,公司迅速成长壮大。正是源于早期对人脉关系的用心经营与投资,李辉才得以突破创业初期的重重困境,驶向成功的港湾。

从以上案例中我们不难看出,无论是对知识的深耕,还是人脉的搭建,投资意识贯穿始终,为个人的成长注入了源源不断的动力。在人生的漫漫长路上,想要获得更多的财富,就必须时刻保持投资意识,精心布局,将有限的资源投入到关键领域,用时间去浇灌,用汗水去培育,方能收获丰硕的果实。那么如何才能提升投资意识呢?

1. 知识学习与认知拓展。系统学习金融基础知识是提升投资意识的基石。从基本的经济学原理入手,了解供求关系、货币流通等概念,

伍　入局

为理解更复杂的金融市场奠定基础。例如，学习宏观经济学中的利率对经济的影响，明白利率上升时，债券价格可能下跌，这有助于在债券投资中做出更明智的决策。

深入研究各种投资工具，如股票、基金、债券、期货、外汇等。了解它们的特点、风险和收益机制。以基金为例，学习不同类型基金（如货币基金、债券基金、股票基金）的投资策略和风险水平，通过分析基金的历史业绩、持仓情况等因素，判断其是否适合自己的投资目标。

2.跨领域知识融合。除了金融知识，拓宽跨领域的知识视野也极为重要。例如，了解科技领域的发展趋势对于投资科技股至关重要。关注人工智能、区块链、生物技术等前沿技术的突破和应用场景，能够提前预判相关企业的发展潜力。

学习心理学知识可以帮助投资者更好地理解市场情绪。在股市中，"羊群效应"常常导致投资者盲目跟风。通过学习心理学，投资者能够识别自己和他人的情绪驱动行为，避免在市场狂热或恐慌时做出非理性的投资决策。

3.关注市场动态与行业趋势。养成关注宏观经济数据发布的习惯，如国内生产总值（GDP）增长数据、通货膨胀率、失业率等。这些数据能够反映整体经济的健康状况，进而影响各类资产的价格。例如，当GDP增长强劲时，股票市场可能会受益；而当通货膨胀率过高时，债券的实际收益率可能会下降。

4. 行业趋势洞察。深入研究不同行业的发展趋势，确定具有潜力的行业。以新能源汽车行业为例，随着环保意识的增强和技术的进步，该行业在近年来呈现出爆发式增长。关注行业内的龙头企业以及新兴企业的动态，分析它们的技术创新能力、市场份额变化等因素，寻找投资机会。

参加行业研讨会、阅读行业报告和专业媒体的分析文章，及时获取最新的行业信息。例如，在医药行业，新的药物研发成果、临床试验数据等都会对相关企业的股价产生重大影响。通过及时了解并分析行业相关信息，可以提前布局投资或者及时调整投资组合。

5. 自我反思与经验积累。定期回顾自己的投资决策过程，分析成功和失败的原因。例如，在一次股票投资中，如果获得较高的收益，要思考是因为对公司基本面的准确判断，还是仅仅因为运气好赶上了市场热潮。同样，对于亏损的投资，要找出是由于信息不足、情绪冲动还是其他因素导致的。

此外，与其他投资者交流分享经验，可以帮助你从他人的成功经验中学习投资技巧，从他人的失败教训中汲取警示。

陆 深耕

财富的积累绝非一蹴而就,而是需要精耕细作。哪怕是一件微不足道的小事,也需要我们沉下心来在这个领域深耕,对该领域有深入的了解和研究。财富,来自你的专注。

富民之要，在于节俭

在积累财富的道路上，许多人发现，仅凭工资收入难以实现财务自由，父辈的荫泽也并非人人可得，中彩票更是遥不可及的梦想。因此，通过理财和投资，让钱生钱，成为了许多人关于财富积累的共识。然而，在这条路上，我们往往容易忽视一个至关重要的环节——节俭。事实上，节俭不仅是积累财富的重要手段，更是实现财务自由不可或缺的一环。

节俭并非吝啬，而是一种智慧的生活态度。它要求我们在日常生活中，审慎地管理自己的开支，避免不必要的浪费。每节省一分钱，都意味着我们为未来多储备了一份资源。这些资源，无论是用于投资还是应对不时之需，都能为我们提供更大的自由和安全感。

然而，在现代社会中，节俭似乎成了一种"过时"的美德。随着信用卡的普及和透支文化的盛行，许多人陷入了"月光族"和"卡奴"的困境。他们享受着提前消费带来的短暂快感，却忽视了透支背后的沉重代价。当债务如滚雪球般越滚越大时，他们才恍然大悟，原来自己一直在为银行打工，而非为自己积累财富。

相比之下，那些真正能够持久积累财富的人，往往有着更为节俭的生活习惯。他们深知，节省下来的每一分钱都是一份对未来的投资。

这种节俭并非吝啬，而是对生活的深度洞察与智慧抉择。他们往往有着正确的价值观和稳定的财务规划，明白财富是通过创造价值、提供有价值的产品或服务，并建立稳定的财务体系来实现的。他们注重长远的财务规划和理性的投资，而不是过度消费和攀比。

美国石油大王约翰·D.洛克菲勒出生于相对贫困的家庭，即便后来财富不断积累，仍坚持节俭生活。在办公室，他只用最基本的家具和装饰；出行时，他更愿意搭乘公共交通而非使用昂贵的私人交通工具。他着装朴素，还会亲自修理破旧衣物以延长其使用寿命。在饮食方面，他选择吃素食，避免肉类食品的奢侈消费，并且在餐桌上小口进食，避免浪费，甚至将这种节俭习惯带入公司文化中。尽管拥有巨额财富，他的节俭精神还体现在慈善事业上，他创办洛克菲勒基金会，将大量资金用于教育、医疗和社会福利等领域，既实现了财富的有效利用，又为社会创造了巨大价值。

然而，节俭并非易事。它需要我们克服内心的欲望和冲动，学会抵制各种诱惑。在这个物欲横流的社会中，我们时常被各种广告和消费文化所包围，很容易陷入盲目消费的陷阱。因此，我们需要时刻保持清醒的头脑，审慎地对待每一笔开支。

同时，节俭也并不意味着我们要放弃生活的品质。相反，节俭是一种智慧的选择。通过审慎地选择商品和服务，我们可以避免不必要的浪费，将更多的资源用于提升自己的生活品质。

富在术数

　　在现代社会中,节俭的精神依然具有重要意义。随着经济的发展和社会的进步,我们面临着越来越多的诱惑和挑战。只有保持节俭的生活习惯和务实的态度,我们才能在激烈的竞争中立于不败之地。

一件事，一辈子，死磕到底

很多人都有过这样的经历：遇到过许多机遇，也涉足过不少行业，但往往浅尝辄止，一旦遭遇困难，总是知难而退，最终一事无成。这类人通常是想法多、行动少，缺乏对一件事的专注度。

其实，积累财富的方法很简单，就是长期重复做一件对自己有价值的事。财富积累的本质就在于此。哪怕是再小的生意，只要能够坚持经营十年，大概率是会赚钱的。因为倘若一件事不赚钱，往往用不了两三年就难以为继了。既然认定是一件能赚钱的事，只要坚持不懈，就有机会积累大量财富。

在当今竞争激烈、风云变幻的商业世界中，诸多企业如流星般划过天际，转瞬即逝，只有少数能凭借独特的品质与坚忍的毅力，在岁月的长河中熠熠生辉。

比亚迪创始人王传福，便是这样一位以专注书写传奇的企业家，他用自己的行动诠释了对一件事情坚持到底所蕴含的磅礴力量。

20世纪末，改革开放的浪潮正席卷中国大地，各行各业都在蓬勃发展，寻求突破。彼时的王传福虽已在电池领域积累了一定的专业知识与经验，但也敏锐地察觉到国内汽车行业面临的巨大机遇与挑战。当时，国外汽车品牌凭借先进的技术、成熟的工艺和深厚的品牌底蕴，几乎垄断了中国的汽车市场，本土车企在夹缝中艰难求生。然而，王

富在术数

传福却没有被眼前的困难吓倒，反而毅然决然地投身到汽车制造这一全新领域，决心打造属于中国人自己的汽车品牌。

这一决定在当时饱受争议。很多人质疑他一个电池领域的专家，跨界进入汽车行业太过冒险。毕竟汽车制造是一个技术密集、资金密集且产业链极其复杂的行业，稍有不慎，便可能血本无归。但王传福有着自己的执着与信念，他坚信新能源汽车将是未来交通的发展方向，而中国在电池技术方面已经具备一定的基础，只要专注研发，坚持技术钻研，就一定能够在这个新兴领域闯出一片天地。

为了深入了解汽车制造工艺，王传福亲自带领团队拆解国外先进车型，研究每一个零部件的构造、功能与生产工艺。从发动机到变速器，从底盘到车身设计，他都不放过任何一个细节。白天，他奔波于各大汽车零部件供应商之间，与供应商洽谈合作，学习先进技术；夜晚，他又扎进办公室，查阅大量的汽车技术资料，与工程师们一起探讨技术改进方案。在这个过程中，资金压力如影随形，研发过程也困难重重，他们多次遭遇技术瓶颈，实验失败更是家常便饭。但王传福从未有过丝毫动摇，始终保持着对新能源汽车研发的专注。

2003年，比亚迪收购秦川汽车，正式进军汽车制造业。此后，王传福更是全身心地投入到新能源汽车的研发与生产中。他深知，电池技术是新能源汽车的核心竞争力，于是加大研发投入，组建了一支由顶尖专家和工程师组成的研发团队，全力攻克电池续航里程短、充电时间长、安全性差等一系列难题。为了找到最佳的电池材料和生产

陆 深耕

工艺，他们进行了成千上万次的实验，不断优化电池配方，改进生产流程。

在研发磷酸铁锂"刀片电池"时，王传福和他的团队面临着前所未有的挑战。当时，市场上主流的三元锂电池在能量密度上具有一定优势，但安全性却饱受诟病。王传福坚信，安全才是新能源汽车的首要属性，于是决定带领团队研发一种全新的、更安全的电池。研发过程中，技术难题接踵而至，从电池材料的选型到结构设计，每一个环节都需要反复试验、论证。团队成员们日夜奋战，一次次地调整方案，遭遇无数次失败，但王传福始终给大家加油鼓劲，让团队保持专注，不被暂时的困难击退。

经过数年的艰苦努力，"刀片电池"终于研发成功。这款电池不仅具有高安全性，通过了针刺实验这一严苛考验，而且在能量密度、续航里程等方面也达到了行业领先水平。"刀片电池"的问世，让比亚迪在新能源汽车市场上一举成名，订单量迅速攀升，为比亚迪赢得了良好的市场口碑。

然而，王传福并没有满足于此，他深知要想让比亚迪在全球汽车市场上站稳脚跟，仅仅依靠电池技术是不够的，还需要在整车设计、智能驾驶、生产制造等多个领域全面发力。于是，他继续专注投入，在深圳等地建立了现代化的汽车生产基地，引进先进的生产设备和工艺，优化生产流程，提高生产效率。同时加大在智能驾驶领域的研发投入，与国内外顶尖科研机构合作，打造具有自主知识产权的智能驾驶系统。

在国际市场上，比亚迪也面临着诸多挑战。欧美等发达国家的汽车品牌对本土市场保护严重，技术标准和准入门槛极高。但王传福没有退缩，他带领团队深入研究各国市场需求和法规标准，针对性地调整产品策略，逐步打开国际市场大门。如今，比亚迪的新能源汽车已经畅销全球多个国家和地区，成为中国新能源汽车行业的领军企业。

积累财富的三个核心关键点：一是有价值，二是长期重复，三是做自己的事。这三点缺一不可，否则就有可能会前功尽弃。

回顾王传福和比亚迪的发展历程，正是因为他对新能源汽车事业专注执着，秉持对技术难题坚持到底的精神，坚持做自己认定的事，才让比亚迪从一个名不见经传的小公司，成长为全球知名的新能源汽车巨头。也正因为如此，王传福才成为"新能源汽车一哥"。在这个过程中，他遭遇过无数质疑，面临资金短缺、技术瓶颈、市场竞争等重重困难，但他始终没有偏离自己的目标，而是将全部精力都投入到新能源汽车的研发、生产与推广中。

可见，在追逐财富的道路上，无论面临多大的困难与挑战，只要保持对一件事情的专注，心无旁骛地坚持到底，就终有财富自由的那一天。

生意不在大小，不要因小而不为

现实生活中，不少人一谈及赚钱，内心便瞬间燃起炽热的火焰，周身都散发着跃跃欲试的激情。然而，当真正要将赚钱的想法付诸实践时，他们却像被施了定身咒一般，开始犹豫不决，甚至干脆打起了退堂鼓。这已然成为众多人在追逐财富道路上的常见状态。

为自己的退缩找借口，是这些人惯常的做法，其中最常被提及的借口便是本钱不足。还有些人，只因怀揣着发大财的梦想，便美其名曰"胸有大志"，进而对小生意嗤之以鼻。在他们眼中，小生意或小投资所能获取的利润简直微不足道，从事小生意更是一件有失颜面的事情。这种心态，在很大一部分人身上都有所体现。

不可否认，当下的时代确实呈现出资本驱动的特征，从理论层面来讲，拥有充足的本钱，在商业活动中的确会拥有更多成功的契机。但我们不妨深入思考，那些拥有雄厚资本的人，他们的资金难道是凭空从天而降的吗？事实并非如此，他们大多都是从不起眼的小生意起步，一步一个坚实的脚印，逐渐积累起财富的。

正如万丈高楼需要一砖一瓦堆砌，参天大树源自毫末的生长，巍峨高台始于垒土的堆积，千里之行也必须从迈出第一步开始。小生意看似微不足道，实则蕴含着巨大的潜力。通过经营小生意，不仅能够积攒起后续开展大规模商业活动所需的资金，还能在实践过程中积累

富在术数

宝贵的经验，拓展丰富的人脉资源。更为重要的是，小生意极有可能在创业者的精心经营下发展壮大，成为令人瞩目的大事业。

"煌上煌"这一品牌，想必大家都不会感到陌生。十几年前，它仅仅是一家前店后坊的小型熟食店，然而，经过多年的不懈努力，如今的"煌上煌"已经发展成为资产近亿元的集团公司。仅在南昌市内，其旗下的煌上煌烤禽连锁店就达到约70家，而在全国范围内，更是拥有150多家门店，在全国的熟食行业中独占鳌头。

再看温州人，他们中有许多人专注于从事纽扣、标签、标牌、商标、饰品、玩具等看似不起眼的小生意。这些小生意，常常被外地人轻视，甚至不屑于去做。但正是这些看似微不足道的小生意，成为了温州经济腾飞的强大助力。

松下幸之助曾说："我也是从经营小生意开始，凭借着勤奋努力、不辞辛劳，才奠定了如今的事业基础。我常常告诫员工们，如果想投身发明创造领域，必须从身边的小发明入手；如果想成就一番大事，就必须从身边的小事做起。"

小生意完全有可能发展成为大事业。这里所说的"小题大做"，并非是指毫无意义地夸张行事，而是一种在成功意义上的"大"，就如同在没有老虎的山中，猴子也能成为大王。在生活的各个角落，几乎处处存在着这样的"小题"，市场的缺口也永远不会消失。

以中国指甲钳大王梁伯强为例，他将平均单价仅为两元多的耐用消费品指甲钳，经营得风生水起，年销售额高达2亿多元。他成功地将小商品发展成了大产业、大市场，赚得盆满钵满。温州人的成功经验，集中体现在"小商品大市场、小配件大配套、小企业大协作、小资本大积聚"这几个方面。

那些不愿意从基础做起的人，即便某一天幸运地中了千万元大奖，也未必能够经营好大规模的商业项目。这就好比一个人从未有过管理和指挥一个连队的经验，却突然被赋予指挥一个师的重任，又怎能保证能够管理和指挥得当呢？

本钱少，并不可怕，只要能够精准把握机会，就不必担忧无法实现从少到多、由小至大的财富积累。从古至今，哪一位商业巨擘不是通过艰苦的原始积累，逐步实现事业的发展壮大的呢？

在追逐财富的道路上，切不可因为生意规模小就轻易放弃。我们更应该关注的是，这个生意是否具备可行性，是否与自身的能力和兴趣相契合，是否能够为自己带来盈利。这条准则，对于绝大多数人而言都是适用的。

创业，本身就意味着要面对诸多难题，如经验的匮乏、资金的短缺、对市场的陌生、定位的不准确，以及对成功和失败的错误预估等。面对这些困难，我们是选择在市场的浪潮中盲目闯荡，碰得头破血流后才明白问题所在，还是选择从一些小生意入手，通过点滴积累逐步获取经验呢？答案不言而喻。在中国，有许多亿万富翁都是从纽扣、打火机、袜子等看似不起眼的行业中崛起的。

那么，是不是每一个人都必须要走从小生意做起的这条路呢？并非如此。这条道路主要适用于那些既没有资金、经验,也没有项目和导师指导,唯一所具备的就是坚定创业决心的人。

倘若具备以下条件,那么就不一定非要从经营小生意起步。其一,拥有充足的资金。对于有雄厚资金作为后盾的人而言,可以根据自身的资金实力来决定是否从事小生意。例如,一位拥有100万元资金用于投资的创业者,10万元的生意在他眼中或许就是小生意;而对于资金有限的人来说,10万元用于摆地摊可能就算得上是大生意了。其二,拥有丰富的经验。很多创业者之所以一开始就能涉足大生意,是因为他们已经在这个行业深耕多年,积累了足够的经验和人脉资源。当他们决定创业时,所需做的仅仅是对各方面资源进行整合,并对全局进行把控。在现实生活中,这样的成功案例屡见不鲜。其三,拥有优质的项目资源。在当今社会,只要创业者手中握有好的项目,便不愁缺乏资金和人才的支持。其四,拥有导师的指导。这里所说的导师,是指那些在市场中摸爬滚打多年,积累了丰富经验的成功人士。如果在创业过程中能够得到这类人士的指导,创业者就能避免许多弯路,节省大量的时间和金钱,从而更快地走向成功。

在做生意的过程中,是否从小生意做起,不能一概而论,而应该根据个人的具体情况和实际事务进行辩证地分析。所谓的"小"和"大",是依据创业者的能力来评判的。最重要的一点是,无论何时何地,何种境遇,想要获得财富,第一步就得脚踏实地。

陆　深耕

没有风险，才是最大的风险

在人们的常规认知里，风险往往意味着潜在的损失、未知的危机，于是许多人穷尽心力去规避它，寻求所谓的"安稳"。然而，当我们拨开表象、深入思考就会发现，在人生与事业的宏大版图中，没有风险，才是最大的风险。

在科技日新月异的当下，一家名为"恒新科技"的企业曾在传统电子产品制造领域占据一席之地。公司的元老们秉持着谨慎经营的理念，一直遵循着旧有的生产模式与市场策略。他们觉得，只要维持现状，就不会出现大的差错。在竞争对手纷纷投入研发资源，尝试开拓智能电子产品市场时，恒新科技的管理层却认为这样做风险太大，研发投入可能血本无归，新市场也充满了不确定性。

但时代的浪潮不会因为个人的畏缩而停下脚步。随着智能电子产品的普及，传统电子产品市场迅速萎缩。恒新科技由于没有及时跟进，市场份额急剧下滑，库存积压严重，资金链也开始断裂。此时，他们才惊觉，一直以来躲避风险的行为，让他们陷入了更大的危机。曾经看似安稳的道路，最终将他们引向了悬崖边缘。

反观另一家新兴企业"星创科技"。这家公司的创始人王耀辉是一个敢于拥抱风险的开拓者。他注意到，随着人们生活节奏的加快，对于便捷、高效的智能家居清洁设备需求日益增长。尽管智能家居领域竞争激烈，技术研发难度大，资金投入也如无底洞一般，但王耀辉毅然决定投身其中。

他带领团队日夜攻关，攻克了一个又一个技术难题。在产品研发阶段，资金紧张到几乎无法维持日常运营，但王耀辉没有退缩。他四处奔走，说服投资人，终于获得了宝贵的资金支持。产品推向市场初期，由于品牌知名度低，销量惨淡。但王耀辉没有放弃，他加大市场推广力度，通过线上线下结合的方式，举办各种体验活动，让消费者亲身感受产品的优势。

经过几年的拼搏，星创科技的智能家居清洁设备逐渐获得了市场的认可，销量节节攀升。如今，星创科技已经成为智能家居领域的领军企业之一。

从这个案例中我们不难看出，没有风险的生活或事业，看似风平浪静，实则隐藏着巨大的危机。因为在这个快速发展的时代，一切都在不断变化，故步自封、拒绝风险，就意味着被时代抛弃。

对于个人而言，不敢冒险意味着放弃成长。比如，有些人在工作中，只愿意做自己熟悉的任务，对于新的项目或挑战，总是以各种理由推脱。长此以往，他们的能力得不到提升，在公司的地位也逐渐边缘化。而那些勇于挑战新任务的人，虽然可能会在过程中遇到挫折，但他们在解决问题的过程中积累了经验，提升了能力，为自己的职业发展开辟了新的道路。

对于企业来说，不敢冒险则意味着失去创新和发展的机会。在市场竞争日益激烈的今天，企业如果不投入研发，不拓展新市场，不尝试新的商业模式，就会被竞争对手超越。柯达公司曾经是胶卷行业的巨头，但在数码技术浪潮来袭时，由于害怕转型风险，迟迟没有加大在数码领域的投入，最终被时代淘汰。

没有风险，才是最大的风险。这并非鼓励人们盲目冒险，而是要我们以理性的态度去看待风险，在风险中寻找机遇，在挑战中实现突破。

富在术数

👆 管理好时间，就意味着收获了财富

平庸的人看重金钱，伟大的人看重时间。在时光的长河中，时间是最公平却又最易被忽视的宝贵资源。它如同一把无情的标尺，默默丈量着每个人生命的长度，不偏袒任何一方，却又常常让无数人在回首往事时，为虚度的光阴懊悔不已。时间就是金钱，获取财富的多少，取决于你对时间的看法。

曾有这样一个场景，一个怀揣着憧憬踏入职场不久的年轻人，在一次至关重要的求职面试中，比约定的时间整整迟到了20分钟。当他气喘吁吁、满怀歉意地赶到时，公司老总神情严肃地对他说道："年轻人，你没有权力轻视这20分钟时间。告诉你，在这短暂的20分钟里，飞机可以翱翔于天际，飞行三四百公里，跨越广袤的大地；纺织机的梭子飞速穿梭，能织出一百多码布，满足诸多需求；而我，利用这20分钟，可以有条不紊地处理完两家公司的来往文件，敲定关键决策。你的这次迟到，让你失去了这份工作，希望你日后能懂得珍惜每一分每一秒。"这件小事如同一记警钟，敲响在我们耳畔，提醒着我们，时间是最宝贵的财富。

惠普公司总裁普莱特，他深谙时间管理的精髓，对每日的行程有着精细规划。他将一天的时间进行合理分配，花20%的时间亲自与客户沟通，深入了解市场需求与客户心声，确保公司产品精准对接市场

风向；35％的时间用于召开各类会议，在思想的碰撞与信息的交流中，凝聚团队智慧，推动项目前进；10％的时间专注打电话，迅速处理紧急事务，协调各方资源；5％的时间审阅公文，把控公司运营细节。剩下的宝贵时间，他巧妙布局，投身于一些间接却对公司长远发展有着至关重要作用的活动上，例如参与业界共同开发技术的专案，为公司积累技术优势，或是加入总统召集的关于贸易协商的咨询委员会，拓宽视野，洞察宏观经济形势。此外，他每天还特意预留一些空档，用以灵活处理不确定的事情，比如接受新闻访问以展现公司形象等。这样的时间安排，是他与专业的时间管理顾问经过反复研究、深入探讨后得出的最佳方案，助力惠普公司在激烈的市场竞争中稳步前行。

事实上，每个人的生物钟不尽相同，在一天之中各个时段的精力状态也大相径庭。有的人仿若"晨型人"，早晨刚起床，便精神抖擞，大脑飞速运转，创意与灵感不断涌现；而有的人则是十足的"夜猫子"，到了晚间，思维愈发活跃，能动性达到峰值，工作效率奇高。相关研究表明，50％以上的人，其能动性在一昼夜之内呈现显著变化，其中17％的人早晨能动性高，33％的人在晚间能动性最高。因此，探寻并找准自己的"最佳时间"，犹如找到了开启财富之门的钥匙，我们应尽量将高质量的"时间能源"聚焦于最重要的事情，最大限度地开发和利用这一珍贵资源，让每一刻都释放出最大价值。

在积累财富的道路上，人群大致可分为两类。

一类人就像精准的导航仪，善于把精力集中于重点，那些有卓越成就的科学家和各行业的领军专家便是如此。科学家们为了攻克某一科研难题，甘愿扎根实验室，废寝忘食，在一次次的实验、一次次的数据比对中，度过数天、数周甚至数年的漫长时光，只为那最终突破性成果的诞生。他们深知成功源于专注，只有集中精力、汇聚力量朝着一个核心目标发力，才能穿透层层迷雾，抵达真理的彼岸。

另一类人则如同迷失在茫茫大海中的孤舟，不大善于抓重点，面对纷繁复杂的事务，不同程度地存在着"眉毛胡子一把抓"的毛病，在琐事的泥沼中越陷越深，最终耗费大量精力却一事无成。这也正是世上真正能站在巅峰、成就非凡的人凤毛麟角的一个关键原因。

一位著名运动员在被问及成功的秘诀时，她目光坚定，语气铿锵地说道："在我的认知里，生命就是由无数个一分钟拼接而成的。所以，我对待每一分钟都如同珍视自己的生命一样，不容丝毫懈怠。"

诚如鲁迅先生所言："时间就像海绵里的水，只要愿意挤，总还是有的。"在生活中，节约时间已然成为许多奋进者的成功秘诀。当旁人对那些微小零散的时间视而不见、轻易放过时，勤奋之人却如获至宝，将它们一一拾起，用这笔被忽视的财富进行一项项技能投资，阅读一本本好书充实知识储备，练习一门门技艺，完善自身素养，日积月累，终让自己脱胎换骨，成长为更强大的个体。

在财富积累的过程中，时间规划有助于我们更高效地利用时间，实现财富的最大化。千万别误以为这些零碎时间只能用来处理例行公事或无关紧要的杂事，实则最优先、最重要的工作，同样可以巧妙利用零碎时间来逐步推进、完美达成。不妨照着"分阶段法"去做，把那些看似庞大复杂的主要工作，拆解为许多小的"立即可做的工作"，如此一来，无论身处何时何地，只要有片刻闲暇，便能随手拈来一项，高效完成，从而积少成多。

正如比尔·盖茨在和友人交谈时所强调的："一个不懂得如何管理时间的商人，就会面临被淘汰出局的危险。而如果你管住了时间，就意味着你管住了一切，管住了自己的未来。"时间管理绝非仅仅是商人的必修课，而是我们每个人都应捧读钻研的人生指南。要想在有限的时间里实现财富的最大化，我们需要充分利用时间价值，树立正确的财富观念，制定合理的投资策略，合理安排时间。

富在术数

既要胆大，也要心细

经济的舞台如同一场盛大的商业盛宴，只有成功入局，踏入了财富创造的赛道，才能在这张摆满机会的餐桌上分得一杯羹。若始终徘徊在局外，即便拥有绝妙的商业创意，也只能眼睁睁看着机会溜走，无法将其转化为实际的财富。

那些财富拥有者之所以能够在各自的领域内脱颖而出，关键在于他们不仅具备对细节的深刻洞察能力，能够显微察微，精准把握每一个关键要素，而且还拥有宏观视野，能够望远前瞻，预见未来的趋势与机遇。正是这种对细节与宏观的双重把控，让他们在决策时能够做到既稳又准。

陈峰经营着一家小型服装厂。起初，他只着眼于订单的数量、交货的期限，忙于应付日常生产，工厂虽能维持运转，却始终不见起色。直到有一天，一位客户投诉服装的线头处理粗糙，影响了品牌形象。这一小小的反馈，让陈峰瞬间警醒。他开始深入车间，仔细观察每一道工序，从布料裁剪的精准度，到缝纫针脚的细密程度，再到线头的修剪工艺，逐一排查问题。

他发现工人们为了赶产量，经常会在一些细节上有所疏忽。于是，他立即调整生产流程，设立质量检验小组，专门负责检查这些容易被忽视的细节。此后，产品质量大幅提升，客户满意度直线上升，订单也随之增多，工厂效益显著提升。

这便是"显微镜"的力量，它让我们在追逐财富的道路上，能够快速地发现问题的根源，从而在这条道路上走得更稳、更快。

十年前，当大多数人还沉浸在传统商业模式的红利中时，赵卉凭借着对科技趋势的敏锐嗅觉，拿起了"望远镜"。他看到智能手机的普及将带来信息传播方式的革命性变化，社交媒体必将成为人们生活中不可或缺的一部分。于是，他不顾周围人的质疑，毅然投身于一家初创的社交媒体公司。

在创业初期，公司面临资金紧张、技术难题、用户增长缓慢等诸多问题，但赵卉坚信自己心中所向往的远方，没有被眼前的困境击退。他带领团队不断优化产品功能，根据用户需求迭代升级，终于，随着智能手机用户数量的爆发式增长，公司迎来了发展的黄金期。如今，这家社交媒体公司已经成为行业内的巨头，赵卉也实现了自己的创业梦想。

在生活中，不少人都曾出现过"顾此失彼"的情况。有些人过于"显微"，过于关注细枝末节，整日埋头于琐碎事务，被眼前的困难绊住脚步，看不到远方的曙光，错失发展的良机；而另一些人则一味"望远"，好高骛远，空有宏大理想，却不注重当下基础的夯实，最终理想沦为泡影。

我们正处在一个瞬息万变的时代，机会稍纵即逝，挑战接踵而至。

富在术数

唯有练就一手拿"显微镜",看清当下每一个细节,一手拿"望远镜",瞭望远方趋势的本领,才有机会拨开财富的迷雾,窥得财富的奥秘,开启通往财富大门的道路,真正在财富的棋局中找到自己的位置,顺利入局。

柒 唯新

我们与财富的距离到底有多远？它有时看似遥不可及，远在天边，如梦幻泡影般难以触摸，让我们在迷茫中徘徊；但有时，它又近在眼前，仿佛触手可及。其实，关键就在于我们能否立足当下，笃定地朝着目标前行。只要秉持创新精神，一步一个脚印地朝着梦想前进，我们便会在不知不觉中越靠越近。

小本经营+创新

在当今这个风云变幻、充满机遇与挑战的时代大浪潮之下，创业已然跃升为一股汹涌澎湃的热潮，吸引着越来越多怀揣梦想与激情的有识之士投身其中。他们或是初出茅庐、满怀抱负的年轻人，渴望凭借自身的努力开辟出一片全新的天地；或是在职场中摸爬滚打多年，积累了一定经验与人脉，毅然决然选择跳出舒适区，开启属于自己的事业篇章。

然而，创业之路，从产品研发、团队组建，到市场推广、运营维护，无一不需要雄厚的资金作为坚实的后盾，和丰富的资源提供有力支撑。许多人在梦想起航之初，便满心忧虑地审视自身那看似微薄的积蓄，掰着手指盘算人脉、技术、设备等各项资源，越想越觉得底气不足，创业的热情也随之被浇灭了几分。

但事实上，资金与资源的短板绝非不可逾越的天堑。历史长河中，诸多商业传奇故事早已有力地证明，小本钱同样蕴含着创造大财富的无限可能，关键就在于创业者是否拥有别具一格的创新思维，以及精准有效的创业策略。创新思维能够让人在看似平常的市场表象之下，敏锐洞察到那些被他人忽视的潜在需求、空白领域或是尚未被充分挖掘的价值点。它驱使着创业者打破常规，敢于另辟蹊径，以全新的产品理念、商业模式或是运营手法，直击市场痛点，从而迅速吸引消费者的目光，在激烈的竞争中脱颖而出。

2019年，北京涌现出了一批专门给小猫小狗等宠物做服装的"宠物裁缝"。这些"宠物裁缝"们对待宠物们的态度丝毫不亚于对待人类顾客，他们为宠物们量取围度时同样认真细致，仿佛是在为一位尊贵的客人打造华美的礼服。量完尺寸后，他们还会耐心地与宠物主人沟通，细细询问其对宠物服装款式、颜色以及材质等方面的要求，力求将每一件宠物服装都做得既时尚又舒适。在他们的巧手下，宠物们被打扮得时髦摩登，成为了街头巷尾一道亮丽的风景线。据说，这些"宠物裁缝"们的收入也相当可观，丝毫不逊色于那些替人做衣服的裁缝们。这一新兴行业的崛起，不仅为宠物主人们提供了更多的选择，也为裁缝行业注入了新的活力和机遇。

通过这个案例我们不难看出，小本经营，只要有创新，也能在激烈的市场竞争中发现那些被忽视的细分市场，挖掘出无限商机。

在天津市河东区，一家敬老院创新地推出了"老年人小饭桌"服务，这一举措迅速在当地引起了轰动。与传统的养老院不同，"老年人小饭桌"采取了一种更为灵活和人性化的养老方式，老年人可以在敬老院享用美味的餐食，但无需住宿。这样既能让老年人享受到专业的社会服务，又能满足他们渴望家庭温暖的养老愿望。

每天，这些老年人都可以自行前往敬老院，参加丰富多彩的文体活动，如书法、绘画、舞蹈等，让他们的晚年生活充满乐趣和活力。中午或晚上，老人们可以在敬老院享用精心准备的餐食，这些餐食不

富在术数

仅营养均衡，而且符合老年人的口味和饮食习惯。吃饱喝足后，他们还可以继续参加各种活动，或者与朋友们聊天谈心，享受友情的温暖。晚上，他们可以回到家中休息，与家人共度温馨的时光。

这种介于养老院与家庭之间的养老方式受到了广大老年人的热烈欢迎，他们既能在敬老院享受专业的服务、参与丰富的活动，又能在家中感受到亲情的温暖和陪伴。这种两头兼顾的养老模式，让老年人过上了既充实又幸福的晚年生活。目前，已有一大批老年人报名参加了这一服务，成为了"流动养老族"的一员。这一创新举措不仅为老年人提供了更多的养老选择，也为社会养老事业的发展注入了新的活力。

优良的创业策略涵盖了对目标市场细致入微的调研分析、精准定位及分析产品的核心受众群体，了解他们的消费习惯、偏好以及痛点需求；还包括巧妙借助外部资源，通过合作、联盟等方式，实现资源共享、优势互补，将有限的本钱发挥出最大的效能；此外，还涉及灵活多变的营销策略制定，依据不同阶段的市场反馈，适时调整推广方案，以最小的投入收获最大的宣传效果。当创新思维与正确的创业策略珠联璧合，哪怕起步时仅有微薄的资金，创业者也可以书写出属于自己的财富传奇。

好眼光+现实资源

"审度时宜，虑定而动，天下无不可为之事"，在积累财富与争取成功的漫漫征途上，拥有好眼光十分重要，它能让我们精准洞察商机，预见未来趋势。然而，仅有好眼光，却不将其与现实资源相结合，那一切都如同空中楼阁，只是不切实际的幻想。只有将敏锐的眼光扎根于现实资源的土壤，才能开出成功的花朵，收获财富的果实。

好眼光是一种稀缺而珍贵的能力，它赋予我们透过表象直击本质的洞察力，让我们在纷繁复杂的市场环境中率先捕捉到潜在的机遇。拥有好眼光的人，如同在黑暗中持有明灯，能够看清行业的发展脉络，把握时代的脉搏。但仅仅看到机遇还远远不够，现实世界中的资源限制犹如一道道关卡，如果不加以考量，盲目行动，再好的眼光也只是纸上谈兵。

现实资源涵盖了诸多方面，包括资金、人脉、技术、时间以及个人的知识储备和技能等。这些资源是我们实现目标的基石，只有充分利用现有的资源，将好眼光转化为实际行动，才能让梦想照进现实。否则，不切实际的投资只会让我们陷入困境，血本无归。

窦静一直对健康养生领域情有独钟，随着人们生活水平的提高和健康意识的增强，她敏锐地察觉到健康食品市场蕴含着巨大的潜力。这便是她通过好的眼光，发现了一个极具发展前景的行业。

富在术数

　　然而，窦静深知，创业绝非易事，光有眼光远远不够，还必须依托现实资源。当时的她刚刚大学毕业，手头资金有限，人脉也相对匮乏。但她并没有因此而退缩，而是开始仔细梳理自己所拥有的资源：在知识储备方面，她在大学期间学习的是食品科学专业，对各类健康食品的研发、生产有一定的了解；在技术层面，她在学校实验室参与过一些食品创新项目，掌握了一些关键的制作工艺。

　　基于这些现实资源，窦静决定从制作并售卖手工健康能量棒入手。她利用自己的专业知识，精心研发了几款口味独特且营养丰富的能量棒配方。由于资金有限，她无法租赁昂贵的商业厨房，便与自家小区附近的一家小型面包房达成合作，租用他们的厨房设备在非营业时段进行生产。

　　在人脉方面，窦静积极拓展客户群体。她从身边的亲朋好友开始推广，凭借着美味又健康的产品，赢得了大家的好评。通过口碑传播，她的客户群逐渐扩大到了周边社区的居民。同时，窦静还利用社交媒体平台，分享自己的健康理念和能量棒制作工艺，吸引了更多潜在客户的关注。

　　随着订单量的逐渐增加，窦静意识到需要进一步扩大生产规模。此时，她凭借之前积累的良好口碑和客户基础，成功获得了一笔小额天使投资。有了资金支持，她租下了一间小型厂房，购置了专业的生产设备，招聘了几位志同道合的员工，正式成立了自己的健康食品公司。

柒　唯新

在公司发展过程中，窦静始终保持着敏锐的眼光，不断关注市场动态和消费者需求的变化。她根据市场反馈，持续研发新的产品、拓展产品线，从单一的能量棒逐渐发展到涵盖多种健康零食的系列产品。同时，她积极与健身房、瑜伽工作室等相关健康机构建立合作关系，进一步拓宽销售渠道。

经过几年的努力，窦静的公司在健康食品市场站稳了脚跟，成为了当地颇具知名度的品牌。她的成功，正是好眼光与现实资源完美结合的生动体现，她没有好高骛远，而是从自身实际出发，充分利用每一项现实资源，逐步将自己的创业梦想变为现实。

回顾历史，也有许多因忽视现实资源而导致失败的案例。比如在互联网泡沫时期，许多创业者看到了互联网行业的巨大风口，纷纷投身其中。然而，其中一些人在没有充分考虑自身资金实力、技术能力和市场需求的情况下，就进行大规模的投资和扩张。最终，随着互联网泡沫的破裂，这些企业纷纷倒闭，创业者们血本无归。

与之相反，那些成功的企业家和投资者，无一不是在拥有好眼光的同时，对现实资源进行了深入的分析和合理的利用。他们懂得根据自身资源的优势和劣势制定切实可行的发展战略，从而在激烈的市场竞争中脱颖而出。

在当今这个机遇与挑战并存的时代，我们每个人都怀揣着梦想，渴望在财富的海洋中收获成功。然而，我们必须清醒地认识到，好眼光是引领我们前行的灯塔，而现实资源则是我们前行的船只。只有将两者紧密结合，我们才能在波涛汹涌的商海中稳健航行，驶向成功的彼岸。当我们发现一个看似诱人的商机时，不要急于行动，而是要冷静下来，审视自己所拥有的现实资源，思考自己是否具备足够的资金、技术、人脉和时间去支撑这个项目的发展，判断和思考当资源不足时，我们能否通过合理的方式去获取或整合这些资源。只有经过深思熟虑，结合我们的眼光和资源，并制定出切实可行的计划，我们才能避免不切实际的投资，确保每一步都走得坚实有力。

紧跟时代步伐

"明者因时而变,知者随事而制",在这个瞬息万变的时代,科技日新月异,社会发展一日千里。紧跟时代步伐,成为了个人、企业乃至国家在竞争中立足,避免被淘汰的关键。如果故步自封,拒绝与时代同步,那么无论曾经多么辉煌,最终都难逃被时代洪流淹没的命运。

在商业领域,这样的例子数不胜数。曾经的手机巨头诺基亚,在功能机时代可谓风光无限,曾凭借坚固耐用的品质和丰富多样的功能,占据了全球手机市场的大量份额。然而,随着智能手机时代的悄然来临,苹果、安卓等系统凭借创新的触控交互技术和丰富的应用生态迅速崛起,诺基亚却未能及时跟上这一时代变革的步伐,依然执着于传统功能机的研发与生产。最后,尽管其在后期也尝试推出智能手机,但由于操作系统的滞后以及对市场趋势把握的偏差,终究失去了往日的辉煌,逐渐在市场上销声匿迹。

与之形成鲜明对比的是小米公司。这家成立于互联网时代的科技企业,自创立之初便紧紧抓住时代的脉搏。小米以互联网思维为导向,通过线上销售模式降低成本,迅速积累了大量用户。随着移动互联网的发展,小米又积极投入到智能生态的建设中,打造了涵盖手机、智能家居、智能穿戴等一系列丰富的产品矩阵。它紧跟时代对物联网和人工智能的需求,不断优化产品的智能化体验,让用户能够通过一部

富在术数

手机实现对家中各种智能设备的便捷控制。如今，小米已成为全球知名的科技品牌，在激烈的市场竞争中站稳了脚跟。

"未来科技"是一家专注于传统办公用品制造的企业，多年来依靠生产质量可靠的打印机、复印机等产品，在市场上占有一定的份额。然而，随着数字化办公时代的到来，无纸化办公趋势愈发明显，传统办公用品的市场需求急剧萎缩。未来科技的管理层敏锐地察觉到了这一危机，他们深知，如果不紧跟时代步伐进行转型，企业必将面临被淘汰的命运。

于是，未来科技迅速组建了一支专业的研发团队，投入大量资金进行新产品的研发。经过深入的市场调研，他们发现，虽然纸张的使用量在减少，但企业对于高效的文件管理和数据安全的需求却在不断增加。基于此，未来科技决定向数字化办公解决方案提供商转型。他们研发出了一套集文件存储、加密、共享和协作功能于一体的云办公平台。为了让客户更好地接受新产品，未来科技还提供了一站式的服务，包括系统的安装调试、员工培训以及后期的技术支持。

在转型过程中，未来科技并非一帆风顺。一方面，技术研发遇到了诸多难题，尤其是在数据安全加密方面需要投入大量的时间和精力进行攻克；另一方面，市场推广也面临挑战，许多客户对新的云办公平台持怀疑态度。但未来科技没有退缩，他们不断优化技术，提高产品的稳定性和安全性，同时积极开展市场推广活动，通过举办产品发布会、邀请客户进行试用等方式，逐渐赢得了客户的信任。

柒 唯新

经过几年的努力，未来科技成功实现了转型，云办公平台的用户数量不断增长，企业不仅摆脱了被淘汰的危机，还迎来了新的发展机遇。

"逆水行舟，不进则退"，在时代的长河中，个人的发展同样需要紧跟时代步伐。以职场人为例，在如今这个人工智能和大数据飞速发展的时代，如果不学习新的知识和技能，提升自己的数字化素养，就很容易被新兴的技术和更具竞争力的人才所取代。那些主动学习数据分析、人工智能等前沿技术的人，才能够更好地适应职场的变化，在工作中发挥更大的价值，获得更多的职业发展机会。

如今，在全球化和信息化的时代背景下，各国纷纷加大在科技研发、教育创新等方面的投入，努力在新兴产业领域抢占先机。

"紧跟时代步伐"不是一句空洞的口号，而是需要我们时刻保持敏锐的洞察力，勇于创新、敢于突破。无论是个人、企业还是国家，只有顺应时代发展的潮流、积极拥抱变化，才能在激烈的竞争中立于不败之地，创造出更加美好的未来，否则，就只能在时代的滚滚车轮下，成为被遗忘的历史尘埃。

富在术数

珍惜你的创意

在当今这个瞬息万变的时代，创意不仅是吸引眼球的火花，更是转化为商业机遇、驱动利润增长的关键引擎。它的魅力在于那份新奇感，能够瞬间捕获大众的注意力，激发人们的好奇心与探索欲。然而，创意的绚烂往往如同流星划过夜空，短暂而璀璨。为了持续地在商海中乘风破浪，保持盈利的航向，我们必须像园丁呵护花朵一样，不断地培育新的创意。

2012年4月1日，对于成都女孩悠悠而言，是一个值得铭记于心的日子。在那场轻松愉快的聚会上，一位朋友的惊叹如同石子投入平静的湖面，激起了层层涟漪："你这双袜子是在哪里找到的？真是别致，太有格调了！"悠悠惊讶之余，心中却悄然萌生了一个前所未有的念头。原来，她将袜子随意混搭，左右脚各穿一只不同款式，竟意外收获了赞美。这如同一道闪电照亮了她的商业灵感——为什么袜子一定要遵循传统的配对原则呢？

带着这份好奇与兴奋，悠悠深入市场进行了一番细致入微的调查。她发现，随着都市生活节奏的加快，白领群体对于个性与创意的追求愈发强烈，而袜子作为日常穿搭中不可或缺的细节，却鲜有人对这一领域进行创意开发。这个发现如同一把钥匙，为她打开了通往新世界的大门。于是，悠悠辞去工作，投身于一场袜子的创意革命，一家名为"足意"的混袜专卖店应运而生。

在"足意"的世界里，悠悠将传统的成双成对的袜子彻底解构，重新组合，赋予每一对袜子独特的个性与故事。悠悠面对起初空荡荡的小店并未气馁，她巧妙地利用网络平台，发布了一篇名为《足下的秘密风景》的帖子。这篇帖子如同一颗石子投入平静的湖面，激起了都市白领们的好奇心——"让左右脚分别穿着风格迥异的袜子，会是怎样的体验？"这一创意迅速在网络上发酵，吸引了大量关注与讨论，为"足意"带来了第一批顾客。

随着口碑的积累，"足意"的人气日益高涨，那些价格区间在10—20元的袜子，日均销量可达30余双，纯利润接近300元。一时间，成都的街头巷尾，脚踏个性鲜明的混搭袜子的白领们成为了一道独特的风景线。

某日，一位顾客在店内挑选袜子时提出了一个有趣的建议："如果能让我自己搭配这两只袜子就好了，比如这只青绿相间的与那只绣有斑点狗的。"悠悠听后，灵感再次被激发，这一次，她决定将搭配权完全交给顾客，她开始推行单只袜子展示，宣传"自由混搭，创意无限"。这一举措不仅满足了顾客的个性化需求，更将"足意"的创意理念推向了一个新的高度，店铺生意因此更加火爆。

为了进一步巩固市场地位，悠悠主动出击，与一家袜子生产商建立了合作关系，共同开发具有"足意"特色的创意产品。为了满足部分顾客对于收藏的偏好，她还为每只袜子赋予了特殊的编号，如"惊艳7号""前卫25号"等，这些编号如同一枚枚勋章，记录着每一份创意的辉煌时刻，同时也激发了顾客的购买欲望，促使他们不断收集新的编号。

悠悠知道，在这个日新月异的时代，只有不断创新，才能确保"足意"的领先地位。她称自己是个"鬼精灵"，脑海中总是充满了新奇的想法与创意，每一天都有让她激动不已的新念头在萌芽。她承诺，将不断推出新颖、美丽的"足下作品"，让顾客每一次光顾都能发现新的惊喜，确保"足意"永远保持其独特的魅力与活力。

无论是哪个行业，无论提供的是何种产品或服务，创新都是通往财富大门的必备技能。在激烈的市场竞争中，只有不断创新，才能创造出新的盈利点和市场需求，才能在竞争中立于不败之地。因此，创业者必须时刻保持清醒的创新意识，这是推动创新活动的内在动力。创新意识不仅促使人们主动研究新情况、解决新问题，还能帮助人们在面对困难时，勇于打破常规，寻找新的解决方案。

创新能力可以在日常生活中注重以下三个方面：

1. 主动性与好奇心是创新的源泉。创新能力强的人往往对周围的世界充满好奇，他们善于从日常现象中发现问题，提出疑问。主动性则是推动创新行动的关键，缺乏主动性，创新就无从谈起。在日常生活中，只有具备主动性，才能不断寻求突破，提升创新能力。

2. 敏锐的洞察力是创新的关键。具有敏锐洞察力的人能够从平凡的事物中发现不平凡之处，找到实际与理想之间的差距，从而提出创新的解决方案。他们善于捕捉信息，将看似无关的信息联系起来，形成新的想法和创意。

3.强烈的求知欲是创新的不竭动力。具有创新意识的人总是保持着高度的勤奋求知精神，他们不断学习新知识，以适应不断变化的外部环境。只有不断学习，才能拓宽视野，将所学知识应用于创新实践，实现学与创的良性循环。

在当今这个竞争激烈的社会，要想脱颖而出，就必须懂得创新。如果产品或服务缺乏特色，缺乏新意，就很难吸引消费者的注意，更无从谈及盈利。随着人们生活水平的提高，精神享受已成为消费者的重要需求。因此，只有不断创新，为消费者带来更多的视觉与心理享受，才能在市场中赢得一席之地，实现持续盈利。